INDIGENOUS PLANTS OF SOUTH CHINA COASTAL ZONE AND
THEIR UTILIZATION FOR ECOLOGICAL RESTORATION

华南海岸带
乡土植物及其生态恢复利用

王瑞江 任 海 主编

SPM 南方出版传媒

广东科技出版社 | 全国优秀出版社

·广 州·

图书在版编目（CIP）数据

华南海岸带乡土植物及其生态恢复利用 / 王瑞江，
任海主编 . —广州：广东科技出版社，2017.6
（前沿科技研究）
ISBN 978-7-5359-6742-8

Ⅰ . ①华… Ⅱ . ①王… ②任… Ⅲ . ①海岸带—
植物—生态恢复—研究—华南地区 Ⅳ . ①X171.4

中国版本图书馆CIP数据核字（2017）第114808号

Indigenous Plants of South China Coastal Zone and Their Utilization for Ecological Restoration

华南海岸带乡土植物及其生态恢复利用

总 策 划：丁春玲	E-mail: gdkjzbb@gdstp.com.cn（编务室）
责任编辑：罗孝政	经　销：广东新华发行集团股份有限公司
封面设计：林少娟	排　版：广州美致广告有限公司
责任校对：冯思婧　谭 曦 罗美玲 杨峻松	印　刷：广州市岭美彩印有限公司
责任印制：彭海波	（广州市荔湾区花地大道南海南工商贸易区A幢
出版发行：广东科技出版社	邮政编码：510385）
（广州市环市东路水荫路11号	规　格：889mm×1 194mm 1/16 印张19.75 字数480千
邮政编码：510075）	版　次：2017年6月第1版
http://www.gdstp.com.cn	2017年6月第1次印刷
E-mail: gdkjyxb@gdstp.com.cn（营销）	定　价：248.00元

如发现因印装质量问题影响阅读，请与承印厂联系调换。

本 书 承

广东省优秀科技专著出版基金会推荐并资助出版

广东省优秀科技专著出版基金会

广东省优秀科技专著出版基金会

"前沿科技研究"系列
出 版 说 明

科学研究的真谛是勇于创新，追求真理。技术创新在某种程度上是科学的一种应用，但是发展到现在，科学与技术已经密不可分。

科技创新是新时代背景下的第一驱动力，是现代化的发动机，是一个国家进步和发展最重要的因素之一。科技创新能力是社会活力的标志，是国家实力最关键的体现。科技创新或许只是诞生于某一领域，但它具有乘数效应，常常能辐射到与之相关的其他领域，通过渗透作用放大各生产要素的生产力，提高社会整体生产力水平。

"前沿科技研究"系列致力于打造一个权威的科技原创成果发布平台，将自然科学、工程技术领域达到国内外先进水平的学术专著汇聚出版，力争最大限度地将某一领域的创新成果迅速发布、多渠道传播和及时推广应用，产生聚集辐射效应，更好地发挥科技对经济建设、社会发展的支撑引领作用，促进科技成果转化为生产力，更好地推动中国原创科技成果走出国门，走上国际学术舞台，为全球领域的创新发展贡献一份来自中华儿女的聪明才智。

"前沿科技研究"系列分设医学、工业、农业等子系列，出版该领域的最新研究成果，既有原始创新成果，也有对现有技术进行集成创新，或者是对引进技术的消化吸收再创新。作为一个开放的科技专著出版系列，我们将高度关注科技研究的重点领域和关键技术，围绕新理论、新技术、新工艺的研究进展，分批规划新的学科系列，丰富出版内容，增强科技创新驱动发展的动力和活力。

书稿的推荐遴选秉承质量第一、科学严谨、精益求精的精神，引进广东省优秀科技专著出版基金20余年100多本优秀专著评审的成熟机制：两位同行专家推荐，专家委员会半数以上人员同意方可入选。同时实行关联评委回避制度，保证入选书稿的品质。

祈望"前沿科技研究"系列能够成为中国科研人员展示原创成果的优秀平台、中国科技走向世界的桥梁纽带。

殷切期待各专业优秀科技专著的加入。

广东科技出版社

2015年12月

"前沿科技研究" 系列
专家委员会

本书得到以下研究项目的资助（Financially supported by）

中国科学院战略先导科技专项（"Strategic Priority Research Program" of the Chinese Academy of Sciences）

南海生态环境变化（XDA13020000）

科技部基础性工作专项（Science and Technology Basic Work of Science and Technology）

热带岛屿和海岸带特有生物资源调查（2013FY111200）

中国外来入侵植物志（2014FY120400）

国家自然科学基金项目（National Natural Science Foundation of China）

野丁香属（茜草科）植物的分类学修订（30770156）

螺序草属（茜草科）植物的分类学修订（31070177）

广东省科技计划项目（Department of Science and Technology of Guangdong Province）

恢复海岸生态系统的乡土植物的筛选和栽培技术研究（项目编号：2012B020310001）

内容简介

在对华南地区海岸带和近岸岛屿的气候、土壤、植被和生物资源利用等进行综合调查和深入分析研究的基础上，筛选出166种华南地区海岸带的代表性乡土植物，作为华南地区海岸带荒坡台地、海岸河口和潮间带植被恢复的工具种。全书以图文并茂的形式描述了这些植物的形态特征，并对其生物学特性、育苗和栽培技术以及病虫害防治措施等进行了详细介绍。

本书结合了植物分类学和植物生态学的有关知识进行了有机结合，内容丰富，资料全面，对于从事生态恢复实践具有重要的指导作用，可供从事海岸带生态恢复、边坡绿化、堤坝防护、湿地保护和景观设计和建设的科研、管理、教学、实践等人员参考。

Summary

On basis of the comprehensive survey and elaborate analysis to the climate, soil, vegetation and plant utilization of south China coastal zones, totally 166 representative indigenous plants were selected and proposed to be tool species for restoring the vegetation of coastal hills, mountain slopes, estuaries and intertidal zone. The morphology of each plant was briefly described and well imaged. In addition, the distribution, biological characteristics, propagation methods, and disease and insect prevention and control methods of the selected species were introduced so as to understand their adaptive ability and application feasibility.

The book is an outcome of the combination of plant taxonomy and restoration ecology and has important theoretical value for guiding the practice. It can be a significant reference for the academic researchers, governmental administrators, teaching or training lecturers and practical workers in the field of ecological restoration, mountain or rocky slope greening, dam protection, wetland conservation and landscape design and construction along south China coastal zones.

前 言

海岸带 (coastal zone) 是海洋向陆地过渡的地带，包括了陆基方向约 10km 和海基方向 10~15m 等深线的区域，也是陆地、海洋、大气间相互作用最活跃的地带。海岸带是世界上自然资源和生物多样性极其丰富的生态系统之一，在人类社会文明的产生和发展过程中发挥了非常重要的作用，是现代社会经济地域中的"黄金地带"，具有重大的开发价值。

海岸带集中了全球近 70% 的人口，但由于人口数量的增加及经济建设的需要，人们加大了对海岸带资源的开发和利用，致使脆弱的海岸带生态系统受到严重干扰。人们在得到巨大经济利益的同时，生态破坏也不期而至。近几十年来，由于围海养殖、港口建设、城市发展、旅游观光等开发活动的影响，我国海岸带陆域地带性植被和湿地红树林植被受到严重破坏，面积剧减，其生态服务功能也被大大降低。

华南沿海是我国经济建设最活跃、社会发展最发达的地区之一，是我国改革开放的前沿阵地。自 1979—1988 年，深圳、珠海、厦门、汕头、福州、广州、湛江、北海等港口城市和海南省先后成为经济发展特区，再加上香港和澳门，一起成为中国改革开放的排头兵、先行地和试验区。其中，广东拥有全国最长的海岸线和最广的海域面积，这些得天独厚的地理优势资源为经济发展提供了坚实的基础，也使得其在区域经济发展中独占鳌头。同其他沿海地区一样，在经济利益的驱动下，广东海岸区域（包括海岛）的陆地次生林和潮间带红树林生态系统受到了严重破坏。在野外调查过程中，我们曾目睹了在种种经济发展行为掩盖下的海岸区域大量陆生和湿地植被被无情毁灭的景象。当面对不毛之地的断壁残垣、砂石裸露的荒坡海滩，我们的心和大地一样在颤抖、在哭泣，也希望有朝一日能让这些受破坏的环境得到修复，让它们重披绿装。

近年来，地方政府和人民逐渐意识到保护好生态环境对于经济可持续发展的重要性，并开始通过生态恢复的技术方法对沿海陆地和湿地植被进行改造，也加强了对自然生态系统的保护和管理工作。为了使华南海岸带受损生态系统得到有效恢复，以促进当地的渔业、旅游业和第三产业等行业的可持续发展，保持社会的和谐稳定，维护生态安全，实现"推进绿色发展，建设美丽中国"的宏伟目标，我们在对广东海岸带植被和植物物种多样性进行实地调查的基础上，根据本区域的土壤条件、气候状况、植被现状和乡土植物的种类的特点和特性，分析了目前用于营林的外来树种的特点，筛选出 166 种可用于恢复本地不同海岸带地质和土壤条件的乔灌草乡土物种。其中，适于陆域丘陵山地植被恢复的种类有 88 种，适于低海拔河口和海岸陆域防护林建设的植物 44 种，适于红树林植被恢复的种类 34 种。本书还提供了这些种类的形态特征、生物学特性、育苗和栽培技术等，以期将来在生态恢复的实践中使之服务于社会、造福于人民，为区域生态文明建设和绿色发展添砖加瓦。

本书植物的科属归置遵从了以 Smith et al（2006，2008）和张宪春等（2013）为代表的蕨类植物分类系统、以 Christenhusz et al（2011）和杨永（2015）为代表的裸子植物分类系统和以 The Angiosperm Phylogeny Group（2016）为代表的被子植物分类系统。在本书编写过程中，中国科学院华南植物园陈忠毅研究员、胡启明研究员、李泽贤高级工程师和陈邦余高级工程师以及华南农业大学的李秉滔教授等提出了许多宝贵的建议和意见，在此表示感谢！

感谢张奠湘教授、徐晔春教授、叶华谷教授、曹洪麟教授、陈炳辉高级工程师、郭丽秀博士、李世晋博士、罗世孝博士、涂铁要博士、易琦斐博士、薛彬娥博士、刘东明博士、王学海高级工程师等友情提供部分照片！

任海

农历丁酉年孟春于广州

Editors' Preface

The coastal zone can be simply defined as an area of interaction between the land and the ocean. The dynamic processes that take place within the coastal zones produce diverse and productive ecosystems which have been of great importance historically for human populations.

Coastal zones contain rich resources to produce goods and services and are home to most commercial and industrial activities. Coastal margins equate to only 8% of the world's surface area and less than 15% of earth's land surface but host two-thirds of the world's cities and approximately 70% of the world's population and provide 25% of global productivity. The increasing stress was subsequently awakened to readjust the equilibrium between economic development and the environmental protection. The sustainable development then came to fruition afterwards.

South China coastal region is one of the areas with most developed economy and most concentrated human population of China. From 1979 to 1988, a series of coastal cities in south China, such as Fuzhou, Xiamen, Shantou, Shenzhen, Guangzhou, Zhuhai, Zhanjiang, Beihai, as well as Hainan Island, Hong Kong and Macao Special Administrative Regions, became the pioneers and antecessors, for carrying out the reform and opening up policy of China. Guangdong province has the longest coastal line and the broadest sea area in China. This unique dominance provided solid bases for developing the local economy. Driven by economic interest, the land secondary forests and intertidal mangrove ecosystems of Guangdong coastal zones and the islands were destroyed seriously. When facing with the barren cliffs and rocky slopes and bare wasteland of sand beaches, our hearts cried and shook, as did by the land. We cordially hope the injured environment can change into a green and vigorous landscape in future.

In recent years, the local governments and people gradually realized the importance of protecting the environment for the sustainable development of economy. They began to reconstruct the terrestrial and coastal vegetation by applying eco-restoration techniques and strengthen the administrative management to the coastal ecosystem. This book provide a practical strategy for restoring the damaged ecosystem in the coastal zones of south China. It may help to promote the sustainable development of local tertiary industry, maintain social harmony and stability, build protective barriers for eco-security, and achieve the great goal of promoting green development and building a "beautiful China". Based on the practical investigation to the vegetation and species diversity in the coastal zones of south China, one hundred and sixty-six indigenous plants, including 88 species for restoring terrestrial ecosystem in mountainous area,

44 species for the low altitude protective forest in estuaries and coastal zones, and 34 species for intertidal region vegetation in the intertidal area, are proposed to be tool species for eco-restoration. The morphology, distribution, biological characters, seedling and cultivation techniques, as well as the disease and insect prevention and control methods, of each candidate species are provided so that they can be recognized and applied in different coastal conditions. The naturalized plants that widely used for ecological restoration in the coastal zones and their potential threaten to the security of local natural ecological system are also discussed for attracting governmental and public attention in terms of eco-safety in future. The application of the indigenous plants for ecological restoration can improve the eco-security of local environment and maintain the genetic diversity of the local biodiversity and will make great contributions to ecological civilization and green development.

In this book, the accepted names of families and genera of each plant followed the taxonomic treatment based on the molecular phylogenetic systems, viz. Smith et al (2006, 2008) and Zhang et al (2013) for the Lycophytes and Ferns, Christenhusz et al (2011) and Yang (2015) for gymnosperms, and the Angiosperm Phylogeny Group (2016) for angiosperms.

We are grateful to Professors Chen Zhongyi, Hu Qiming, Li Zexian, Chen Bangyu from South China Botanical Garden, the Chinese Academy of Sciences, and Professor Li Bingtao from South China Agriculture University, for their valuable comments and constructive suggestions. We also thank Professor Zhang Dianxiang, Professor Xu Yechun, Professor Ye Huagu, Professor Cao Honglin, Senior Engineer Chen Binghui, Dr. Guo Lixiu, Dr. Li Shijin, Dr. Luo Shixiao, Dr. Tu Tieyao, Dr. Yi Qifei, Dr. Xue Bin'e , Dr. Liu Dongming, Mr. Wang Xuehai for freely sharing their digital images.

Wang Ruijiang

Feb 03, 2017

目录 Contents

第一章 海岸带概况

Chapter I Outlines of Coastal Zone

1.1 海岸带的概念和特征 ………………………………………………………… 2

1.2 海岸带资源利用现状 ………………………………………………………… 3

    1.2.1 海岸带在社会发展中的重要作用 ……………………………………… 3

    1.2.2 我国海岸带土地利用现状 ……………………………………………… 4

    1.2.3 我国海岸带红树林植被的变化概况 …………………………………… 6

1.3 华南地区海岸带的自然条件和土壤 ………………………………………… 7

    1.3.1 广东省海岸带自然条件和土壤 ………………………………………… 10

    1.3.2 海南省海岸带自然条件和土壤 ………………………………………… 11

    1.3.3 广西北部湾海岸带自然条件和土壤 …………………………………… 12

    1.3.4 福建南部东山岛海岸带自然条件和土壤 ……………………………… 12

    1.3.5 香港的自然条件和土壤 ………………………………………………… 13

第二章 华南地区海岸带植被

Chapter II Vegetation of South China Coastal Zones

2.1 广东地区海岸带植被 ………………………………………………………… 16

    2.1.1 广东海岸带陆生植被 …………………………………………………… 16

    2.1.2 广东红树林植被 ………………………………………………………… 18

    2.1.3 广东海岸带分段植被 …………………………………………………… 19

2.2 海南海岸带植被 ……………………………………………………………… 52

    2.2.1 海南岛海岸带的植被 …………………………………………………… 52

    2.2.2 海南大洲岛植被 ………………………………………………………… 53

2.3 广西北部湾海岸带植被 ·· 54

2.4 福建东山岛植被 ··· 55

2.5 香港植被 ··· 55

第三章 海岸带植被的恢复策略
Chapter Ⅲ Restoration Strategy of Coastal Zone Vegetation

3.1 海岛和海岸带植被恢复现状 ··· 60

3.2 退化植被生态恢复技术 ··· 61

    3.2.1 海岛路基边坡和采石场的植被恢复 ··· 61

    3.2.2 海岸或海岛相思树和桉树群落的改造 ······································ 64

    3.2.3 退化滩涂与退化红树林改造工程 ·· 66

3.3 生态恢复决策中的人文观问题 ·· 68

第四章 恢复华南海岸带受损生态系统的植物
Chapter Ⅳ The Plants for Restoring the Degraded Ecosystem in South China Coastal Zones

4.1 海岸环境对近海植物生长的影响 ·· 70

4.2 不同海岸环境之植物特性 ·· 70

4.3 海岸带生态恢复常用的归化植物 ·· 71

    4.3.1 用于荒山坡地植被恢复的植物 ·· 71

    4.3.2 用于陆域海岸防护林建设的植物 ·· 84

    4.3.3 用于水域红树林植被恢复的植物 ·· 90

4.4 可用于恢复华南海岸带植被的乡土植物 ··· 96

    4.4.1 适于陆域山地丘陵植被恢复的植物种类 ··································· 96

    4.4.2 适于陆域低地河口或海岸防护林的植物种类 ·························· 188

    4.4.3 适于潮间带植被恢复的植物 ·· 237

4.5 乡土植物的繁殖 ··· 276

    4.5.1 种子育苗 ··· 276

    4.5.2 扦插育苗 ··· 276

    4.5.3 组培育苗 ··· 277

    4.5.4 菌根化育苗 ·· 277

4.6　乡土植物恢复利用过程中存在的问题···278

第五章　海岸带植被和植物多样性的管理

Chapter **V** Management of Coastal Vegetation and Biodiversity

5.1　海岸带管理···282

　　5.1.1　海南省海岸带的保护与管理···283

　　5.1.2　广东省海岸带的保护与管理···285

5.2　海岸带生态系统和植物多样性的管理···285

　　5.2.1　海岸带生态系统的管理···285

　　5.2.2　海岸带植物多样性的管理···286

参考文献 References···288

Chapter Ⅰ Outlines of Coastal Zone

第一章 海岸带概况

1.1 海岸带的概念和特征

海岸带，又可称为海陆交界带或水陆交界带，是陆地生态系统和海洋生态系统的结合部，是河流、风沙和生物作用等陆地上的营力和波浪、潮汐作用等海洋营力共同作用的一个极度敏感的和过渡性的地带，是海洋与陆地相互接触、相互作用和相互影响的中间地带（图1.1）。随着人们对海岸带认识水平的不断提高，海岸带的概念及其内涵从最初的"潮间带"扩展到包括自海岸线向陆向海两侧扩展到一定宽度的带状区域。世界海岸线的总长度最长可达 8.42×10^5 km（Crossland et al，2005）。一般认为，海岸带生态系统是由海岸生态系统、近海海洋生态系统、部分陆地生态系统（如森林、草原等）和部分湿地生态系统（如滩涂、沼泽等）相互组合而成的过渡型生态系统，具有较高的生物多样性和复杂多变的脆弱性，湿地生态系统作为水陆的交界，被认为是海岸带生态系统中最脆弱的生态系统。

海岸带的划分是一个动态的过程并随着社会的发展和人类的认知不断发生着变化。海岸带的划分标准可分为以山脉、分水线、大陆架等为向海向陆分界线的自然标准，以行政区划界限来确定的行政边界标准，以基于海岸线人为地向两侧划定一定范围的任意距离标准，以及以生态环境为依据的环境单元标准，但这些标准没有一个是普遍适用或者能满足有效划分管理区域所需要的全部条件（朱坚真 等，2012）。目前大多数国家根据各自的自然资源与环境状况、社会经济发展需求和规划而确定，如巴西将高潮线以上 2 km 至高潮位以下向海扩展 12 km 的区域划定为海岸带，以色列划定海岸带范围为高潮线以上 1~2 km 至低潮位以外 300 m 范围，澳大利亚将高潮线以上 400 m 至海岸基线外 5.56~22.22 km，西班牙将高潮线以上 500 m 至海岸基线外 40.74 km 地带划定为海岸带范围。

1972 年，美国国会颁布的《海岸带管理法》规定：海岸带是指邻接若干沿岸州的海岸线和彼此间有强烈影响的沿岸水域（包括水中的及水下的土地）及毗邻的滨海陆地（包括陆上水域及地下水），这一地带包括岛屿、过渡区与潮间带、盐沼、湿地和海滩。

1995 年，澳大利亚《海岸保护与管理法》规定：海岸带是沿海水域，以及沿海水域向岸一侧的、有物理特征、生态或自然过程，或有影响或可能影响海岸或海岸资源的活动的所有区域。

1999 年，韩国《公有水面及海岸带管理法纲要》规定：海岸带指的是以海岸线为基准的海上一部分和背后陆地的一部分为对象而区划的地域。对于河口部、三角洲、水产资源及生态系统保护区等，可依据需要考虑地形条件和环境影响，将其范围按不同等级差别来规定（陈科璘，2012）。

国际地圈—生物圈（IGBP，International Geosphere-

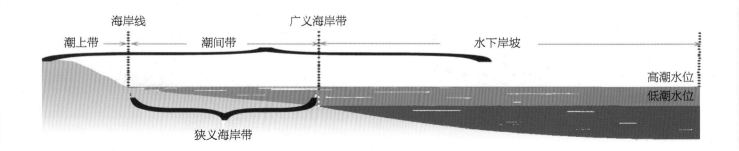

图1.1 海岸线、海岸带、潮间带的位置关系

Biosphere Programme）将海岸带的范围扩展到向海差不多到 -200 m 等深线，向陆约为 200 m 等高线。联合国"千年生态系统评估（Millennium Ecosystem Assessment）"之《生态系统与人类福祉：评估框架》认为，海岸带是海洋与陆地的界面，向海可延至大陆架中央、向陆则包括了受到近海强烈影响的区域（Hassan et al，2005）。我国《海岸带调查技术规范》规定，在海岸带调查时以潮间带为中心，自海岸线向陆延伸 1 km，向海延伸至海图 0 m 等深线（国家海洋局 908 专项办公室，2005）。

海南省在《海南经济特区海岸带保护与开发管理规定》（2013 年 3 月 30 日海南省第五届人民代表大会常务委员会第一次会议通过，根据 2016 年 5 月 26 日海南省第五届人民代表大会常务委员会第二十一次会议《关于修改〈海南经济特区海岸带保护与开发管理规定〉的决定》修正）中提出："海岸带的具体界线范围由省人民政府依据海岸带保护治理与开发利用的实际，结合地形地貌具体划定。"随后在 2014 年海南省政府印发的《海南经济特区海岸带范围》和《海南经济特区海南带范围和海南经济特区海岸带土地利用总体规划（2013—2020 年）》中对"海岸带"的概念定义为："海岸带向陆地一侧界线，原则上以海岸线向陆延伸 5 km 为界，结合地形地貌，综合考虑岸线自然保护区、生态敏感区、城镇建设区、港口工业区、旅游景区等规划区具体划定；海岸带向海洋一侧界线原则上以海岸线向海洋延伸 3 km 为界，同时兼顾海岸带海域特有的自然环境条件和生态保护需求，在个别区域进行特殊处理。"这一规定在《海南经济特区海南带保护与开发管理实施细则》（琼府〔2016〕83 号）中被得到认定并赋予了法律意义。

在《广东省海岸带保护与利用管理办法（草案）》中，海岸带是指从海岸线向海一侧延伸至水深 10 m 等深线处以内的海域，以及向陆一侧延伸 10 km 以内的滨海陆地。

本书所指海岸带的概念除了一般意义上的大陆与海洋交汇区外，还包括近海的岛屿及其周边与海洋的汇合地带，因为这些区域的乡土植物种类和植被状况等基本相似，生态恢复所采取的策略和方法也基本相同。

1.2 海岸带资源利用现状

1.2.1 海岸带在社会发展中的重要作用

海岸带作为水圈、岩石圈、生物圈以及大气圈相结合的敏感地带，是地球上自然资源最为富集的地区，具有复杂多样的环境条件和丰富多彩的自然资源，如海涂资源、港口资源、盐业资源、渔业资源、石油资源、天然气资源、旅游资源和沙矿资源等，因此，海岸带具有多方面开发和利用的价值，这为人类提供了广阔的发展空间。虽然其面积仅为地球陆地面积的 8%，却为全世界近 70% 的人口和 1/3 百万人口以上的城市提供了生产和生活的场所，并支撑着整个人类社会的经济大厦（Lakshmi et al，2000）。因此，海岸带也是地球上自然和人为双重作用力改造最为强烈的区域之一，这使得海岸带既成为海洋开发的前沿，又是后勤供应的主要保障基地（朱坚真 等，2012）。

我国海岸带的资源与环境是沿海地区经济和社会发展的基础，海岸带地区也是对外开放、外引内联的窗口，起着引进消化新技术并向广大内地进行扩散转移的重要作用。以广东省为例，东部的汕头—揭阳—汕尾区、西部的茂名市市辖区和中部的广州—顺德区为广东省 3 个社会发展最为快速、经济发展最为活跃的区域（汪思言 等，2014）。

另外，海岸带生态系统也为当地提供了重要的生态服务功能。以广东—海南海岸带为例，这一区域的生态系统服务的总价值已经达到 316.97 亿美元 / 年，其中陆地为 187.38 亿美元 / 年，海域为 129.59 亿美元 / 年（杨清伟 等，2003）。

1.2.2 我国海岸带土地利用现状

我国海岸带区域位于太平洋西岸、欧亚大陆东部的中段，北起辽宁鸭绿江河口，再经河北、天津、山东、江苏、上海、浙江、福建、广东至广西北仑河口，形成了一条长达 1.8×10^4 km 的 "S" 状弧形海岸线，而海岸带就是围绕该弧线向两侧展开。再加上长达 1.4×10^4 km 的近海岛屿海岸线，我国的海岸线总长可达 3.2×10^4 km。

由于海岸带具有丰富的自然资源、优越的自然条件、良好的地理位置和独特的海陆特性，目前已经成为我国人口急剧增长的地区。国家统计局公开的数据表明，2013 年我国大陆人口有 13.6 亿（中华人民共和国国家统计局，2015）。以"瑷珲—腾冲线"（有时也称"胡焕庸线"或"黑河—腾冲线"）为界，东南部人口约占全国人口总数的 93%，并且这种人口空间分布总体格局在未来近 20 年不会发生根本改变。并且，由于近年经济的发展，人口越来越集中于以北京为核心的京津冀地区、以上海为核心的长江三角洲和以广州为核心的珠江三角洲等经济发达的东部城市群，这种现象在未来 20 年内将进一步加强（王露 等，2014）。以广东省为例，《广东省 2010 年第六次全国人口普查主要数据公报》显示，截至 2010 年 11 月，全省常住人口数有 10 430.3 万人，排在全国第一位，其中有 66.17% 的人口居住在城镇（杨大杰 等，2014）。

在保障社会民生、促进经济发展的压力下，海岸带区域的水利建设、港湾开发、河口整治、填海工程、海岸区采矿、海水养殖、海岸工程等人类活动给海岸带的生态环境带来了非常严重甚至毁灭性的破坏（图 1.2、图 1.3、图 1.4），这种影响使得人类对海岸带的

图 1.2 广东省江门市台山市北陡镇寨门管理区担水坑村围海养殖状况

图 1.3　广东省阳江市海陵岛南侧白骨壤（*Avicennia marina*）群落附近的海岸带开发情况

图 1.4　福建省连江县海岸带海水养殖的情况

开发和索取，在强度、广度和速度上已经接近或超过了自然变化的影响，成为破坏海岸生态系统的主要因素（沈庆 等，2008；徐谅慧 等，2014）。

目前，赤潮、海洋环境污染、海洋疾病等人为灾害与频繁的风暴潮、台风、暴雨、洪涝灾害等自然灾害以及海水入侵、海岸侵蚀、海岸线后退等问题已经严重威胁着我国沿海地区社会经济发展，并最终导致我国沿海地区产生了一系列海岸带资源和生态环境问题，如：天然湿地大量丧失、水质恶化、海洋渔业资源受损、水文环境改变、洪涝灾害增加、生物入侵等（洪华生 等，2003），使我国成为世界上海岸带生态系统退化最严重的国家之一（李红柳 等，2003），并且，海岸带生态系统健康也存在着诸多问题（全峰 等，2011）。

以广西海岸带为例，目前建设了如铁山港、北海港、钦州港、防城港等大型港口以及诸如沙田港、营盘港、涠洲港、龙门港、企沙港、珍珠港等众多区域性渔港，并开发了如北海银滩、防城万尾、月亮湾、钦州麻蓝岛等沙质优越的游泳海滩等，在促进区域经济发展的同时，也无可避免地使海岸带的自然资源受到人为破坏。据统计，自2008年以来，广西海岸带建设用地面积从118 km²增加至226 km²，人工岸线共增加了116.61 km，自然岸线减少了285.27 km。同时，海岸滩涂面积不断减少，红树林生境遭到破坏，海岸带生态系统服务功能明显下降（陈兰 等，2016）。

基于遥感、地理信息系统等研究方法对福建省海岸带土地利用状况的研究表明，陆域城市化水平提高、人口数量增加和工业设施发展对海岸带林地植被、景观破碎化带来了严重的负面影响，水域养殖业过度开发，毁坏了滩涂湿地红树林，造成了部分滩涂面积减少，说明人类活动在海岸带区域的陆海两侧不断扩大（王智苑，2010）。

1.2.3　我国海岸带红树林植被的变化概况

红树林是热带和亚热带海岸潮间带的特有植被类型，主要生长在沿海的港湾和河口两岸的淤泥滩涂上，具有泌盐和抗盐的生理生态特性，是全球最具特色的湿地生态系统，也是潮间带海岸湿地生态系统中的生产者和主导者。红树林生态系统为鸟类、鱼类和无脊椎动物提供了栖息觅食和繁衍的场所。同时，红树林具有重要的自然与社会价值，是海岸堤围的天然保护者，是海边人民生命财产的守护者，在御风消浪、护堤护岸和保护生物多样性方面发挥着非常重要的作用。

我国红树林主要分布于浙江、福建、广东、海南、广西、香港、澳门和台湾，其中海南、广西和广东红树林面积占全国红树林总面积的97%。自然生长的红树林分布介于海南的榆林港（18°09′N）至福建福鼎的沙埕湾（27°20′N），人工种植的红树林已经到了浙江省乐清湾（28°25′N）（吴培强 等，2013；贾明明，2014）。

我国红树林面积在历史上曾达 2.5×10^5 hm²，20世纪50年代为 4×10^4 hm²左右（不包含港澳台地区，下同），2001年约为 2.2×10^4 hm²。此后，由于毁林围海造田、改造盐场、围海养殖、城镇建设等人类不合理的开发活动影响，导致我国红树林严重破坏，面积剧减，林分质量下降，生物多样性降低，红树林资源损失严重。

应用Landsat遥感数据分析发现，1973年、1980年、1990年、2000年、2010年和2013年，中国红树林的总面积分别为48 750 hm²、22 450 hm²、20 430 hm²、18 587 hm²、20 776 hm²和32 077 hm²。可见，在1973年至2000年间，我国红树林总面积减少了约61.9%（贾明明，2014）。而另一组数据显示，我国红树林的面积于1990年、2000年、2010年前后分别为13 519.6 hm²、16 053.6 hm²、24 578.2 hm²（吴培强 等，2013）。由于不同的统计方法中均存在一定的误差，本书将两种结果均列于此，供对比参考（图1.5）。

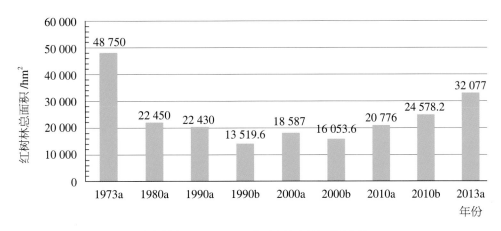

图 1.5 1973—2013 年中国红树林面积变化

a 表示数据来源于贾明明（2014）；b 表示数据来源于吴培强等（2013）。

海岸带地区脆弱的生态环境一旦开发和利用不当，将带来更加复杂的环境负效应，修复也将会十分困难。因此，加强海岸带地区的资源普查、现状评估、生态修复等工作，合理制定开发利用规划，为科学决策提供基础支撑，已经成为当前"建设海洋生态文明"的重要组成部分，并且也是满足社会经济可持续发展的重要保障。

1.3 华南地区海岸带的自然条件和土壤

华南地区海岸带主要包括北自福建南部的东山岛、广东沿海、海南（包括西沙群岛和南沙群岛）和广西北部湾沿海地区以及区域内的香港和澳门两个特别行政区，在气候上属热带和亚热带地区。区域内总体温度较高，温差较大，河流入海口较多，地质组成较为复杂。

从海岸物质组成来看，我国辽东半岛至山东半岛海岸带为基岩海岸；辽河三角洲、黄河三角洲、长江三角洲和珠江三角洲为淤泥或沙泥海岸；辽西、冀东沿海以沙岸为主，相间着基岩海岸；浙江南部、福建沿海则为山地海岸；广东和广西是泥沙质海岸居中，沙质海岸位于两翼（朱坚真 等，2012）；海南岛主要是基岩海岸、沙坝—潟湖海岸、泥质海岸和沙质海岸等多种类型（邱彭华 等，2012）。

我国海岸带土壤资源中，滨海盐土和水稻土的面积最大，分别占海岸带土壤资源总面积的 27.44% 和 17.34%。广东省和海南省分布着全国最大面积的滨海风沙土，约有 1.88×10^5 hm²，其次是福建和广西，面积分别为 4.0×10^4 hm² 和 1.8×10^4 hm²。而自福建至广西，在河口和海湾内高潮线以下的滩涂上，普遍发育着红树林潮滩盐土，这类土壤往往因红树组织中富含单宁和硫等物质，使土壤呈酸性到强酸性（巴逢辰 等，1994）。

土壤是植物生长的最基础条件之一，也是关系生态恢复能否取得预期成果的重要保障，因此，为了大体上了解福建南部、广东、广西和海南海岸带的土壤养分状况，对取样的 37 个土壤样品的酸碱度、有机质、全氮、全钾、碱解氮、有效磷、速效钾、阳离子交换量等进行了测定（表 1.1），以期为区域海岸带植被恢复提供重要的参考数据。

表 1.1 华南地区海岸带土壤养分测定概况

序号	采样地点	采样日期	pH	有机质/(g·kg⁻¹)	全氮/(g·kg⁻¹)	全磷/(g·kg⁻¹)	全钾/(g·kg⁻¹)	碱解氮/(mg·kg⁻¹)	有效磷/(mg·kg⁻¹)	速效钾/(mg·kg⁻¹)	阳离子交换量(CEC)/(cmol·kg⁻¹)
1	福建省漳州市龙海市港尾镇	2016 年 8 月 7 日	6.80	8.46	0.603	0.881	8.8	35.4	5.15	121.0	41.20
2	福建省漳州市漳浦县六鳌镇东门新村	2016 年 8 月 8 日	7.35	18.70	0.951	0.647	13.4	65.6	20.50	182.0	4.79
3	福建省漳州市东山县陈城镇黄山村	2016 年 8 月 8 日	7.81	25.60	1.250	0.601	25.2	79.7	31.60	202.0	7.80
4	福建省东山县东山半岛	2012 年 10 月 17 日	4.98	19.00	0.974	0.232	23.8	138.0	0.29	99.2	9.31
5	广东省潮州市饶平县海山镇	2012 年 10 月 18 日	5.42	16.90	1.054	0.456	15.4	54.5	0.66	42.1	11.30
6	广东省汕头市南澳县青澳湾	2016 年 8 月 13 日	7.57	11.30	0.708	0.258	18.4	57.7	2.17	36.2	18.80
7	广东省汕头市南澳县南澳岛	2012 年 10 月 19 日	5.00	21.50	1.200	0.541	35.1	57.7	0.61	105.0	6.21
8	广东省汕头市濠江区达濠岛莲鞍	2012 年 10 月 19 日	5.50	9.50	0.398	0.359	25.1	50.1	0.39	50.8	10.50
9	广东省揭阳市惠来县靖海镇靖海炮台	2012 年 10 月 19 日	4.71	5.14	0.398	0.269	10.6	21.5	0.82	25.3	4.99
10	广东省汕尾市陆丰市甲东镇东林村	2016 年 8 月 14 日	7.89	13.90	0.801	0.455	4.7	31.6	7.39	116.0	6.78
11	广东省汕尾市陆丰市甲子角	2012 年 10 月 20 日	4.61	12.40	0.726	0.186	23.1	40.9	0.25	77.9	8.97
12	广东省汕尾市陆丰市碣石镇上林村	2012 年 10 月 21 日	4.37	3.74	0.358	0.224	3.9	13.5	0.29	6.4	3.51
13	广东省汕尾市遮浪镇施公寮	2012 年 10 月 21 日	4.69	18.20	0.894	0.398	31.9	44.5	0.48	85.6	8.25
14	广东省汕尾市捷胜镇	2016 年 8 月 15 日	7.80	9.18	0.544	0.461	13.6	46.3	9.08	68.3	2.78
15	广东省惠州市平海县平海古城	2016 年 8 月 15 日	6.41	46.90	2.690	0.663	9.5	92.5	8.33	121.0	11.30
16	广东省惠州市惠东县港口镇附近	2016 年 8 月 16 日	5.78	12.00	0.707	0.332	0.8	129.0	10.10	24.9	36.60
17	广东省惠州市巽寮岛港口镇	2012 年 10 月 22 日	4.68	12.70	0.616	0.359	30.5	45.3	0.25	53.7	8.09
18	广东省阳江市江城区海陵镇白蒲圩	2016 年 9 月 29 日	7.95	15.20	0.675	0.599	24.3	109.0	5.51	68.2	4.97
19	广东省阳江市江城区海陵镇	2012 年 11 月 15 日	4.69	16.00	0.865	0.533	12.3	98.2	0.25	51.8	8.70

（续表）

序号	采样地点	采样日期	pH	有机质/(g·kg⁻¹)	全氮/(g·kg⁻¹)	全磷/(g·kg⁻¹)	全钾/(g·kg⁻¹)	碱解氮/(mg·kg⁻¹)	有效磷/(mg·kg⁻¹)	速效钾/(mg·kg⁻¹)	阳离子交换量（CEC）/(cmol·kg⁻¹)
20	广东省茂名市电白区电城镇长坡	2012年11月14日	5.56	11.60	0.696	0.186	3.0	43.7	0.61	29.6	8.59
21	广东省湛江市东海岛下六村	2012年11月13日	5.54	19.10	1.093	0.371	3.4	66.0	5.02	33.4	5.83
22	广东省湛江市东海岛大杯	2016年9月27日	7.18	32.40	1.849	0.886	11.1	78.3	24.40	185.0	14.7
23	广东省雷州市徐闻县锦和镇下洋	2012年11月13日	6.08	31.60	1.690	0.745	3.2	157.0	0.84	95.8	11.3
24	海南省澄迈县老城镇玉堂村	2016年9月19日	7.95	23.50	1.110	1.090	8.8	64.8	10.50	131.0	8.0
25	海南省澄迈县老城镇东水港村	2016年9月19日	8.45	6.21	0.338	0.289	12.7	12.4	5.21	44.1	2.8
26	海南省澄迈县老城镇文大村	2016年9月19日	8.00	9.44	0.467	0.747	4.3	43.7	6.18	124.0	32.0
27	海南省临高县波莲镇鲁臣村	2016年9月20日	7.91	34.40	2.050	1.500	4.9	121.0	42.90	1 059.0	13.1
28	海南省临高县南宝镇煤矿	2016年9月20日	8.38	6.16	0.371	0.432	26.9	5.4	3.32	9.3	1.1
29	海南省临高县南宝镇文南村	2016年9月20日	5.73	16.90	0.771	0.212	2.5	69.6	2.03	40.2	5.2
30	海南省东方市新龙镇上通天村	2016年9月21日	5.86	11.80	0.536	0.438	24.9	82.8	32.9	217.0	3.8
31	海南省三亚市海棠区青田村	2016年9月22日	6.79	9.78	0.596	0.238	29.9	28.2	5.84	47.0	3.6
32	海南省三亚市陵水县长城乡新村	2016年9月22日	8.26	3.85	0.238	0.298	10.3	6.4	2.46	17.0	1.5
33	海南省万宁市东澳镇乌场村大洲岛	2016年9月24日	6.04	68.90	4.520	0.439	25.5	308.0	2.76	387.0	9.1
34	海南省琼海市博鳌镇东坡村	2016年9月25日	7.56	49.60	2.590	1.200	8.9	94.6	14.40	113.0	12.3
35	海南省文昌市市郊	2016年9月25日	7.06	11.90	0.516	0.256	2.3	28.4	4.38	9.3	3.5
36	广西北海市涠洲岛后背塘村	2016年9月28日	8.17	2.56	0.239	0.282	2.7	5.6	4.25	24.7	1.7
37	广西北海市冠头岭	2016年9月28日	7.28	69.30	3.856	0.572	12.1	218.0	4.58	69.7	10.1

结果表明，在37个样品中，有24个样品的土壤表现为强酸性至中性(pH<7.5)，其他的13个样品偏碱性(pH为7.5~8.5)，这说明总体上，华南地区海岸带土壤存在酸化现象，但仍能满足大部分植物对土壤酸碱度的要求（表1.2）。

表1.2 37个取样点的土壤酸碱度情况

pH	酸碱性	样品个数
<4.5	极强酸性	1
4.5~5.5	强酸性	9
5.5~6.5	酸性	8
6.5~7.5	中性	6
7.5~8.5	碱性	13
8.5~9.5	强碱性	0
>9.5	极强碱性	0

表1.3 37个土壤样品各营养成分的分布状况

级别	描述	有机质 / (g·kg⁻¹)	全氮 / (g·kg⁻¹)	全磷 / (g·kg⁻¹)	全钾 / (g·kg⁻¹)	碱解氮 / (mg·kg⁻¹)	有效磷 / (mg·kg⁻¹)	速效钾 / (mg·kg⁻¹)	阳离子交换量(CEC)/ (cmol·kg⁻¹)
1	极丰富	> 40 (4)	> 2 (5)	> 1 (3)	> 25 (8)	> 150 (3)	> 40 (1)	> 200 (4)	> 25 (3)
2	丰富	30~40 (3)	1.5~2 (2)	0.8~1 (2)	20~25 (4)	120~150 (3)	20~40 (4)	150~200 (1)	20~25 (0)
3	较丰富	20~30 (3)	1~1.5 (5)	0.6~0.8 (5)	15~20 (4)	90~120 (4)	10~20 (3)	100~150 (8)	15~20 (1)
4	中等	10~20 (16)	0.75~1 (5)	0.4~0.6 (10)	10~15 (8)	60~90 (7)	5~10 (9)	50~100 (10)	10~15 (8)
5	缺乏	6~10 (7)	0.5~0.75 (11)	0.2~0.4 (15)	5~10 (4)	30~60 (12)	3~5 (4)	30~50 (6)	5~10 (13)
6	极缺乏	< 6 (4)	< 0.5 (8)	< 0.2 (2)	< 5 (11)	< 30 (8)	< 3 (16)	< 30 (8)	< 5 (12)

括号内的数字表示取样点的数量。

从表1.3的分析结果可以看出，各指标含量为中等以下取样点个数分别为：有机质27个，全磷24个，全钾23个，碱解氮27个，有效磷29个，速效钾24个，阳离子交换量33个。这表明，华南海岸带土壤肥力整体偏低，需要进行适当的土壤改良，以提高其支撑高生物量植物种类正常生长的能力。

1.3.1　广东省海岸带自然条件和土壤

广东大陆海岸线东起闽粤交界的潮州市饶平县大埕湾，西至两广交界的湛江市英罗港，海岸带介于20°12'~23°45'N、109°20'~117°32'E之间。根据《广东省海洋功能区划（2011—2020年）》（粤府〔2013〕9号），广东省海岸线长4 114 km，约占全国海岸线总长的18.7%，是全国海岸线最长、海域面积最广的省份。广东海岸带区内有珠海、深圳、汕头三个经济特区，以及广州、湛江两个开放城市，这种特殊的地理、政治、经济地位说明广东是我国实现海洋战略后方基地的重要组成部分。

广东大陆海岸多为山地溺谷海岸、台地溺谷海岸、岬湾海岸、三角洲平原海岸、珊瑚礁海岸和红树林海岸等多种类型海岸，海岸带总面积为 42 633 km²，其中浅海面积 17 224 km²，滩涂面积 2 042 km²，陆上土地面积为 23 367 km²（吴传钧 等，1993）。

广东省海岸带位于北回归线以南，属于南亚热带和北热带季风气候类型，秋、冬季以东北风为主，春末至夏季以东南和西南风为主，年平均气温 21.2~23.3℃，年日照时数达 1 730~2 320 h，年降水量 1 341.0~2 382.8 mm。

广东沿海的土壤类型主要有遍布于丘陵、台地和山地的赤红壤以及分布于沿海海滩的滨海沙土、滨海盐土等。整体地貌特征可分为沙质海岸丘陵区、淤泥质海岸平原区和基岩海岸山地丘陵区三种主要地貌类型。沙质海岸丘陵区主要分布于粤西沿海地区，土壤为滨海沙土，包括沙质细、含盐量和钙、镁含量高的潮积滨海沙土和沙质粗细不一、肥力和含盐量低的风积滨海沙土，主要树种有木麻黄（Casuarina equisetifolia）、湿地松（Pinus elliottii）、桉树（Eucalyptus spp.）、相思（Acacia spp.）等；淤泥质海岸主要分布于珠江三角洲、韩江三角洲、雷州湾等地，一般为盐渍土，土壤富含氯化钠等盐类，养分较高，主要树种有木麻黄、落羽杉（Taxodium distichum）、苦楝（Melia azedarach）、大叶相思（Acacia auriculiformis）和红树林（Mangroves）等；基岩海岸主要分布于粤东沿海，土层瘦瘠，大量山地岩石裸露，水土流失严重，主要树种有台湾相思（Acacia confusa）、大叶相思和潺槁树（Litsea glutinosa）等（李怡，2010）。

1.3.2 海南省海岸带自然条件和土壤

海南省地处我国南部，位于 18°10′~20°10′N、108°37′~111°03′E 之间，属典型热带海洋季风气候，年平均气温达 22~26℃，年降水量 1 639 mm，东湿西干且干湿季明显。海南省海岸线长约 1 822.5 km，其中自然岸线长度约 1 226.5 km，已经开发利用的岸段达 320 km 以上。海南省国土环境资源厅 2005 年遥感解译数据显示，海南岛环岛海岸带面积为 8 743 km²，占海南岛总面积的 25.7%，其中林地面积最大，占海岸带面积的 52.2%，其次为耕地占 30.7%。海南岛 12 个沿海市县位于 2 km 宽度海岸带内的土地资源共计 228 166.44 hm²，约占全省土地总面积的 6.63%。《海南省生态环境质量调查评价报告》（2008 年）指出，海南岛自 1988 年建省以来，沙化土地面积逐年增大，至 2000 年增加了将近 6 倍。这说明，在以壤质沙土为主的土壤质地和脆弱的植被覆被背景下，强烈的人为干扰活动，使原本脆弱的海岸带生态环境发生了严重的沙化现象。

海南省全岛土壤的水平分布总体上呈现出 3 个环状土带格局，即海拔 400 m 以上的丘陵和山地、以淋溶土和雏形土为主的内环土带，海拔 20 m 以上的海积阶地和台地、以自成型土为主的中环土带，以及海拔 20 m 以下的滨海草原和三角洲平原、以新成土和雏形土等为主的外环土带（龚子同 等，2004）。外环土带基本上属于海岸带范围，这些地区土壤类型以滨海沼泽盐土、滨海沙土、砖红壤、潮土、燥红土等为主，土壤肥力极低，结构松散，且常年风较大，极易形成风沙环境（杨克红 等，2010）。研究表明，海南岛海岸带的土壤养分普遍低下，如儋州、临高、澄迈、东方、万宁等 5 个市县的土壤有机质平均含量不超过 7.98 g/kg，昌江、乐东、三亚、陵水、琼海、文昌、海口等 7 个市县的平均含量在 4.5 g/kg 以下；从土壤氮含量来看，海岸带土壤全氮平均含量均在 1.06 g/kg 以下，而三亚、乐东、东方南部、海口的平均含量还不足 0.01 g/kg；从土壤钾含量来看，除三亚东部、琼海和文昌的土壤全钾含量可达 23.90 g/kg 外，其他广大海岸带土壤全钾平均含量不足 8.50 g/kg；从土壤磷含量来看，海南岛海岸带的土壤全磷平均含量不足 0.78 g/kg，而三亚西半部、乐东、东方和海口中部的海岸带土壤全钾含量更低，甚至不足 0.03 g/kg。因此，全省海岸带土壤的养分不足，严重影响了植被的生长和农业经济效益的提高（龚子同 等，2004）。

通过对海口市海防林带不同样地土壤容重、含水量、pH、有机质、全氮、全磷、全钾、速效氮、速效磷、速效钾及含盐量等物理化学指标进行分析，发现海岸带土壤理化指标均属于较差水平（张彩凤，2010）。这说明海岸带的土壤营养状况尚需要改良，以利于后期生态恢复成效。

海南岛海岸带土地生态安全评价的研究表明，在高安全、较安全、一般安全、较不安全及不安全 5 个生态安全等级中，一般安全及以上水平区域面积比例达 81.8%，说明海南岛海岸带土地生态安全总体状况良好。安全等级较低的区域主要是因地产、旅游基础设施及农业养殖业等改变了海岸带自然景观结构和生态功能。不合理的区域土地资源开发利用导致了防护林生态系统、湿地生态系统的破坏，进而威胁着整个海岸带土地生态安全（刘锬 等，2013）。

另外，海南岛海岸带地区发育着地震、活动断裂、海岸侵蚀、土地盐渍化、土地荒漠化、水土流失、河口港湾淤积、崩塌、滑坡等各种地质灾害，其中很多地质灾害跟人为因素有关（杨克红 等，2010）。

1.3.3 广西北部湾海岸带自然条件和土壤

广西北部湾海岸带东起广东、广西交界的洗米河口，西至中越交界的北仑河口，隔北部湾与海南岛相望，又背靠大陆，面向东南亚，是我国大陆海岸带的最南部分之一。广西大陆海岸全长 1 595 km，沿海岛屿 697 个，岛屿岸线 461 km，近海滩涂面积约为 1 005 km²。在地势上，广西北部湾海岸带北高南低，全岸带流入海洋的河流有 123 条，较大流量的河流有

南流江、钦江、茅岭江、防城河、北仑河、大风江、九洲江等，其中南流江是广西沿海最大的入海河流。广西独流入海水系流域总面积约 24 111 km²，占全区土地面积 10.2%。由于在河口区域泥沙碎屑物的大量聚积从而形成广阔的滩涂和沼泽地，并发育着大面积的红树林植物群落。

广西北部湾海岸带属南亚热带气候，具有季风明显、海洋性强、干湿明显、冬暖夏凉、灾害性天气多发的特点，其太阳辐射强，年平均气温 22~23 ℃，年温差、年降水量 1 800 mm 以上，但受季风的影响，全年干湿明显，全年相对湿度较大（中国海湾志编纂委员会，1993）。

在海岸自然地貌上，广西海岸带地貌可以分为 3 段，即自洗米河至北海岭底、以阶地沙堤潟湖海岸为主的东段，自北海岭底至合浦西场、以南流江三角洲平原为主的中段，自合浦西场至东兴、以台地溺谷港湾海岸为主的西段（伍家平，1998）。在海岸类型上，主要为基岩海岸、沙砾质海岸、红树林海岸和珊瑚礁海岸。基岩海岸主要由片麻岩、片岩和变粒岩等各种不同山岩组成；防城大港和北海银滩等地则为广西典型的沙砾质海岸，沿岸发育沙堤、沙坝、沙嘴；珊瑚礁海岸主要分布于涠洲岛，是中国海区珊瑚礁分布的北缘，具有特殊的研究价值。涠洲岛是中国最大也是地质年代最新的火山岛，是中更新世到全新世中期地壳运动、岩浆运动的结果，加上受季风控制，潮汐作用较强，造成南部、西部海岸的强烈侵蚀作用；红树林海岸多为软底型，沉积物以粉沙质黏土、沙—粉沙质黏土为主，主要分布于山口红树林自然保护区（邓晓玫 等，2011）。

1.3.4 福建南部东山岛海岸带自然条件和土壤

福建省海岸线长 3 051 km，海岸带面积 26 199 km²，其中陆域 14 156 km²，滩涂面积 2 069 km²，岛屿面积 654 km²，沿岸海域面积 8 960 km²。福建海岸带土壤

主要为赤红壤、红壤、水稻土、滨海盐土这四种土类，占土壤总面积94.89%，其中赤红壤占21.44%，红壤占34.41%，水稻土占18.43%，滨海盐土占20.61%，其余为滨海风沙土、潮土、沼泽土和紫色土等4种土类，合计仅占5.06%（刘用清，1995）。

福建东山岛位于福建省南部沿海，面临台湾海峡南口，区域位置是23°34′~23°37′N、117°18′~117°35′E，面积188 km²，是福建省第二大岛，其周围有塔屿、虎屿、象屿、西屿等32个岛屿。东山岛属南亚热带海洋性季风气候，高温多风，蒸发量大，干湿季明显。

东山岛是我国沿海较为典型的岛连岛地貌体，在地形上表现为高陡峭的基岩丘陵、低平缓连岛沙坝。东部沿岸发育众多的风沙堆积，风沙的分布范围最广，基本覆盖东山岛东部。在东山岛的东侧，主要有铜陵、苏峰、澳角三个基岩岬角及与之相间的马銮湾、苏尖湾两个沙质海湾。岸线处于蚀退状态，沙质海岸更为明显（杨顺良 等，1996）。福建东山岛由于毗邻广东，在地理上当属华南地区的一部分，但由于其地质地貌的特殊性，在此书中一并纳入华南海岸带的研究范畴。东山岛受台风干扰频繁，土壤有机质含量少、空隙大、易干燥以及缺少黏性，对养分的吸附能力差，使得该地土壤在降雨的淋溶下，逐渐贫瘠，进而影响了本地植物生长。

1.3.5　香港的自然条件和土壤

香港地处珠江三角洲东岸，位于22°09′~22°37′N、113°52′~114°30′E之间，由香港岛、九龙和新界（包括附近235个岛屿）组成，总面积为1 092 km²，海岸线长达870 km。山地和丘陵组成了香港的主要自然景观。香港面临南海，深受季风热带海洋气候的影响，年降水量2 214 mm，年平均气温22.8℃。虽然台风、霜冻偶有发生，对某些植物产生暂时的伤害，但高温多雨的气候条件十分适宜热带、亚热带植物的生长。

香港的土壤主要包括黄壤、红壤、赤红壤、砖红壤和冲积土，丘陵地的土壤以赤红壤为主，滨海地带的沙滩和泥滩为潮沙土和潮土，其中潮土淤泥深厚，质地较黏，具盐渍化和沼泽化的特点，为红树林发育提供了良好基质（陈树培，1997）。

Chapter Ⅱ Vegetation of South China Coastal Zones
第二章 华南地区海岸带植被

2.1 广东地区海岸带植被

广东位于我国大陆的最南部，地处改革开放的前沿，是我国经济最为发达、最具活力的地区之一，也是我国开展改革开放、经济发展的主战场之一。由于经济的高速发展和人口的大量增加，海岸丘陵的植被状况受到严重影响，导致地表土流失、土壤贫瘠，立地条件日益恶化，有些山地、丘陵岩石裸露，成为造林困难地区。据1993年的资料统计，广东海岸带有宜林荒山1 891.3 km²，荒地1 294.3 km²，这些荒山荒地是建立沿海林带的重要土地资源。在海岸带区域，1985—2005年，广东围海造地的面积达370 km²，红树林和沿海林地大量受到严重破坏。据有关资料统计，近20年来，全省被损毁的红树林近8 000 hm²，其中98%是挖塘养殖造成的。这种"人进海退"的土地开发模式，在实现巨大经济利益的同时，也较大程度破坏了近海生态环境，加剧了区域生态环境潜在风险（高义 等，2011）。因此，必须对这些荒山荒地进行以适生乡土树种为主的改造和整治，提高海岸带森林覆盖率，以改善区域生态环境（林文棣，1993）。

半岛和近海岛屿代表着海岸带的植被和植物多样性状况。据1980—1985年《广东省海岸带和海涂资源综合调查报告》记载，广东沿海有海岛1 431个，其中面积大于500 m²的海岛有759个，就数量而言，仅次于浙江、福建两省，居全国第三位，其中有人岛为44个。全省岛屿总面积1 599.93 km²，岛岸线总长2 416.15 km，仅次于浙江省（4 301.2 km）而居全国第二位。

广东省的海岛位于北热带与南亚热带植物的交汇带上，在长期人类活动干扰的影响下，海岛上除了一些残存的风水林外，原生森林植被已经不复存在，次生林、灌丛、灌草丛、草丛和人工林已经成为主要的植被类型。在海岛森林群落中，常绿植物占主要成分

并连片分布，乔木以小高位芽植物为主；灌木、草本种类及个体数均不多；藤本植物、附生植物、寄生植物和绞杀植物种类很少，结构简单。这显示出广东省海岛自然林由北热带常绿季雨林向南亚热带常绿阔叶林过渡的性质。通过对100种组成广东省海岸带和海岛自然林（含村边风水林）、不同林分的优势种（或建群种或特征种）及其主要伴生种的区系成分与地理分布进行分析发现，海岛的植被具有较强的热带性并具有明显的从北热带向南亚热带过渡的性质（邓义，1996）。

为了更好地使广东海岸带的植被状况和植物多样性现状得到反映，本书选择了位于汕头的南澳岛，深圳的大鹏半岛和内伶仃岛，珠江口的大虎岛、上横挡岛和下横挡岛，以及珠海的横琴岛等，对其植被和植物种类进行了详细调查和分析，希望以此作为了解广东省海岸带植被状况的窗口，并为恢复海岸带植被提供参考。

2.1.1 广东海岸带陆生植被

广东省是我国海岸线最长的省份，受台风、海啸等自然灾害的威胁十分严重。广东沿海的主要植被类型有热带季雨林、亚热带季风常绿林、亚热带针叶林、滨海红树林等。由于人类活动的干扰，原始林仅残存为湛江、深圳、阳江等地的小面积红树林，天然次生林和人工林成为这一地带的主要森林植被类型。

广东省海岸带植被主要为沿海防护林，其营建经历了从"自发造林—大规模破坏—恢复建设—快速发展"的历史进程。新中国成立前，广东沿海的森林覆盖率仅为3%左右，自然灾害频繁，水土流失严重。自20世纪50年代开始到60年代中期，广东沿海地区通过自发和工程造林，建立起了以木麻黄为主的海岸防护林带，有效地改善了当地人们的生活生产环境。随着我国沿海防护林体系建设工程的实施，沿海地区

的复合农林业也得到了发展，并逐渐构建起"林—农、林—果、林—渔、林—牧"等多种优化的组合模式，显示出较高的生产力。池杉（*Taxodium distichum* var. *imbricatum*）和落羽杉防护林在珠江三角洲等地的沿海滩涂和河岸两旁得到推广并大面积种植，逐步形成了带、网、片相结合的农田防护林网。此外，天然生长于潮间带的红树林也是沿海防护林体系的重要组成部分，这些被称为"海上森林"的绿色屏障，对维护和改善沿海地区的生态环境和维护生物多样性作出了重要的贡献。"文革"期间，木麻黄林带和红树林受到了严重破坏，并且在此后的80年代开放初期，由于盲目追求经济利益，毁林填海致使海岸带植被受到进一步破坏。1991年和2005年，广东省两次开展了沿海防护林体系建设工程，在扩大种植木麻黄的基础上，

又引进了桉树、相思等陆生种类以及适于在潮间带生长的红树林植物——无瓣海桑（*Sonneratia apetala*）等种类，使沿海地区森林覆盖率达到41.2%（李怡，2010）。

海岸防护林带对于防风固沙、保护堤围、改善生态环境发挥了很大的作用，但其中也存在许多问题，如林带不完整、树种自然更新困难、树种单一、乡土植物树种少等。因此，应该在重视林带建设的同时，因地制宜，选择适生的乡土树种，建立混交林。此外，由于沿岸丘陵山地土层浅薄、土壤肥力差，并且多为岩石裸露的"石蛋地貌"，加上台风、热带风暴频繁侵袭，适生树种不多，给植树造林带来较大的困难（图2.1）。

近年来对沙质海岸带上的木麻黄和乡土植物防护

图2.1 广东省江门市台山市北陡镇寨门管理区担水坑村"石蛋地貌"

林研究表明，由于人工林生态位分化不良，种间竞争相对激烈，群落组成不稳定，而湿地松、相思树、桉树等树种与木麻黄混交的防护林虽然在增加景观多样性和提高防护效能等方面取得了良好效果（图2.2、图2.3），但由于是引种树种，其自然更新能力不足，相反，以乡土树种为优势种的天然林生态位配置比人工林更优化，对维持群落的稳定更有意义（高伟 等，2011）。

图 2.2 广东省沿海的台湾相思和马尾松混交林

图 2.3 广东省沿海山地常见的桉树防护林带

2.1.2　广东红树林植被

广东红树林地理分布在 20°13′（徐闻县五里镇）~23°42′N（饶平县拓林港）之间的沿海地区，其中以粤西段红树林较为繁茂。广东红树林分布区地处热带和南亚热带季风气候区，沿海年平均气温

21.4~28.3℃，最冷月平均气温 13.1~17.2℃，极端最低温 -1.9~2.8℃，海水表面平均温度 21.8~23.7℃，年降水量 1 500~2 000 mm，终年几乎无霜。广东的海岸线曲折多弯，长达 5 704 km，其中大陆海岸线长 3 041 km，岛屿海岸线长 1 806 km，有岛屿 651 个，江河出海口岸线长 857 km，共有 92 条河流注入海洋，其中较大的有珠江、韩江、榕江、练江、汉阳江、鉴江和雷州青年运河等。红树林分布区的土壤多为滨海沙土和滨海盐土，其中滨海沙土多为高潮和潮水浸渍或风渍而成，适宜人工种植木麻黄，滨海盐土多为浅海沉积或河流冲积物发育而成的土壤，淤泥深厚，土壤肥沃，是最适宜红树植物生长的土壤之一。

广东省是全国人均耕地面积最少的省份之一，也是我国红树林分布最广、面积较大的省份。由于土地资源的短缺和经济发展的需要，地方政府在陆地大量圈地建设的同时，又大量填海造地，致使红树林面积从原有的约 2×10^4 km²，锐减到不足 1.2×10^4 km²。吴培强等（2011，2013）应用 Landsat 卫星遥感数据对广东省红树林面积进行估计分析，认为广东省 1990 年、2000 年、2008 年、2010 年的红树林湿地的面积分别为 7 733.2 hm²、8 722 hm²、9 593.3 hm² 和 12 131 hm²，而贾明明（2014）对广东地区（包括香港和澳门）红树林面积在 1973 年、1990 年、2000 年、2010 年和 2013 年估计值分别为 33 234 hm²、11 286 hm²、7 630 hm²、9 678 hm² 和 16 348 hm²（图2.4）。虽然这些研究在数据上有所不同，但大多数结果表明广东地区在 2000 年以前由于填海围垦、围海养殖、旅游开发、工程建设等需要，原生红树林生态系统受到毁坏，红树林面积在不断缩减，并且，这种趋势还有可能进一步恶化（金庆焕，2004；何克军 等，2006）。基于底质条件对广东东部海岸带土地利用适宜度进行分析的结果表明，地势平坦的珠江口在 2000 年以后，大面积的农业用地、天然水域等被养殖、建设用地等取代（孙晓宇 等，2011）。

利用遥感影像数据对东莞市 2000—2006 年的海

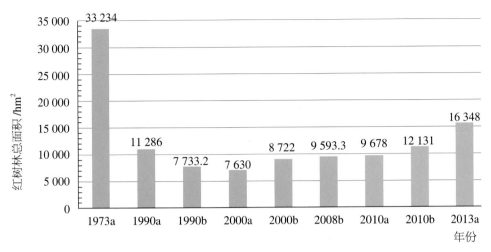

图2.4 1973—2013 年广东省红树林面积变化

a 表示数据来源于贾明明（2014）；b 表示数据来源于吴培强等（2011，2013）。

岸带土地利用变化分析发现，围垦养殖用地的急剧减少和居住用地、工矿用地的大量扩张导致了土地生态风险程度的增大（张慧霞 等，2010）。同时，广东省海岸带在 2001—2011 年的变迁程度有加重的趋势，如遥感分析发现，广东汕头湾、大亚湾和湛江湾分别有约 5 680 m、16 100 m 和 22 440 m 长的海岸线发生了变迁，其中有 31 840 m 的海岸线被用于工业和城镇建设，有 8 040 m 的海岸线由于围海养殖活动发生变迁，3 个海湾的海岸线平均向海最大推进距离分别约为 397 m、792 m 和 535 m（于杰 等，2014）。此外，由于滩涂开发与围海填海、污染物大量排放和过度捕捞和养殖等，珠江口滨海湿地出现了天然湿地面积减少、湿地生产力不断下降和湿地环境状况持续恶化等明显的退化现象（马玉 等，2011）。

2.1.3　广东海岸带分段植被

由于广东海岸带南北跨度较大，气候、土壤、地质因素等有所不同，因此将之分成三大段分别描述。

2.1.3.1　粤东段

（1）粤东海岸带植被

粤东段东自潮州市，经汕头市、揭阳市、汕尾市，向西至惠州市惠阳区，全区域可分为 3 个区段。

1）粤东之东段

此段主要包括潮州市的饶平县和汕头市的南澳县、澄海区、龙湖区、金平区、濠江区、潮阳区。此部分海岸线长 199 km，岛屿界线长 189 km，有韩江、东江、榕江等河流构成的潮汕平原，地势平坦。其气候温和，年平均气温 21.2~21.6℃，年降水量 1 341~1 693 mm。沿岸土壤有滨海沙土，丘陵低山为赤红壤，岩石裸露。由于水土流失严重，形成"石头山"，石蛋地貌发育。天然植被以次生林和灌草丛为主，人工混交林多种有台湾相思、大叶相思、马尾松（*Pinus massoniana*）、桉树等（图 2.5），但近年来，这些陆域海岸带植被也同样受到毁坏（图 2.6）。

20 世纪中期时，饶平县的海山镇和黄冈镇、汕头湾濠江区的苏埃湾、澳头和葛洲的泥湾、达濠的濠江口和磊口附近、河浦、升平的牛田洋和潮阳区的龟头海、澄海的盐鸿以及南澳岛的深澳湾等地均有成片的红树林分布，但因围海造陆和乱砍滥伐，汕头地区海岸带的红树林植被受到严重破坏。现汕头市只在濠江区的达濠磊口和南滨路苏埃湾、澄海区新溪等地仅存小面积的天然次生红树林，主要有桐花树（*Aegiceras corniculatum*）、秋茄（*Kandelia obovata*）、木榄（*Bruguiera gymnorhiza*）、老鼠簕（*Acanthus ilicifolius*）、假

图 2.5 广东省潮州市饶平县海山镇沿海"石头山"人工相思林

图 2.6 广东省汕头市濠江区达濠岛人为干扰海岸带植被状况

茉莉（*Clerodendrum inerme*）、黄槿（*Hibiscus tiliaceus*）等，人工种植树种以无瓣海桑为主。从 1998 年开始，汕头市区恢复种植了 1 644.6 hm² 红树林，此后又种植了无瓣海桑、红海榄（*Rhizophora stylosa*）、秋茄等混交林，营造红树林面积达 1 250 hm²。潮州市饶平县至 2013 年也累计营造和恢复红树林近 220 hm²。

2）粤东之中段

包括揭阳市的惠来县和汕尾市的陆丰市和海丰县。此部分海岸线长 370.8 km，岛屿界线 49.6 km，有数个河谷小平原，滨海沙荒与丘陵地区相间。气候暖和，年平均气温 21.8~21.9℃，年降水量 1 827~2 382 mm。土壤多为滨海风沙土，面积大。丘陵低山为赤红壤，在惠来和海丰带低山岩石裸露多，风蚀严重。丘陵山地多为次生林或灌草丛，海岸植物以沙生植物为主（图 2.7）。红树林主要分布于海丰公平大湖、梅陇镇、小漠镇海湾附近。

3）粤东之西段

包括惠州市的惠东县和惠阳区。此部分海岸线长 223.6 km，岛屿岸线长 139.3 km，滩涂面积 2 680 hm²。地形以丘陵山地为主，临近海岸线平原狭窄，成为海湾和低山丘陵相间海岸（图 2.8）。气候温和，年平均气温 21.8~22℃，年降水量 1 945~2 050 mm。土壤以赤红壤为主，沿海有滨海沙土和滨海盐土。植物在丘陵山地以灌草丛为主，滨海有固沙植物和红树林。

本区域海岛除了人工台湾相思林、木麻黄林外，自然林只有常绿季雨林和海滩红树林两类，但面积均

图 2.7 广东省汕尾市海丰县大湖镇海岸带防护林

图2.8 广东省惠州市巽寮岛双月湾

不大，大部分的丘陵地主要为灌草丛和灌丛林（广东省海岛资源综合调查大队，1993）。

红树林主要分布在惠东县的吉隆、铁涌和稔山三个镇。20世纪50~60年代，惠州市有红树林约420 hm²，到90年代，由于围海造盐田、围垦养殖等，仅存100 hm²，后来由于人工种植，2001年恢复到172.1 hm²。至2005年，人工种植达173 hm²，2006—2008年种植了138 hm²，2010年又启动了营造红树林130 hm²的恢复工程。主要种类为木榄、秋茄、桐花树、海漆（*Excoecaria agallocha*）、老鼠簕、白骨壤、海檬果（*Cerbera manghas*）、假茉莉等乡土植物以及无瓣海桑等外来树种。目前，惠州在吉隆、铁涌、稔山一带种植的高中

矮红树林立体林层基本形成4~10 m高的连片林带。由稔山镇、铁涌镇、盐洲镇部分近海滩涂组成的蟹洲湾市级红树林自然保护区总面积为1 049.8 hm²，保护区边界总长为37 km；澳头镇在淡澳河两岸种植的红树林约13 hm²（陈一萌 等，2010）。

（2）南澳岛的植被

南澳岛位于汕头市东北部，位于23°11′~23°32′N、116°53′~117°19′E之间，北回归线贯穿主岛，面积为109.04 km²，东西相距21.5 km，东半岛最宽10.5 km，西半岛最宽5 km，岛中部宽2.1 km，主岛岸线长77 km，是广东东部面积最大的海岛，也是广东唯一的海岛县。气候属南亚热带海洋气候，年

平均气温 21.5 ℃，年降水量 1 348.4 mm。地形以丘陵低山为主，全岛最高峰位于岛西部的高嶂栋，海拔587.1 m。

南澳岛的土壤为由花岗岩风化发育而成的赤红壤，在海拔 350 m 以上垂直分布着红壤。其特点为土体发育完整，但土层较浅薄，土壤脱硅富铁铝化作用强烈，质地以轻壤土—中壤土为主，存在复盐基特征（梁永奕 等，1993）。

南澳岛的原始植被类型为热带季雨林型的常绿季雨林，因长期受人为因素的影响，原生植被已不复存在，仅在村边残留小面积的次生林，目前以人工林群落为主（图2.9）。主要的天然植被群落有山杜英（*Elaeocarpus sylvestris*）群落、鸭脚木（*Schefflera heptaphylla*）群落、珊瑚树（*Viburnum odoratissimum*）群落和红树林植物群落等。人工林群落主要有马尾松林、相思林及其混交林等群落和人工针阔叶混交林（周厚诚 等，1998；谢少鸿 等，2005）。

以 1989 年、2001 年和 2010 年 3 期遥感影像为数据源，对南澳岛土地利用变化与景观格局变化情况的研究表明，在近 20 年期间，南澳岛裸地与林地面积变化最大，裸地动态度最高，土地利用转化率最高的为耕地和建设用地，并且海岛景观斑块趋于破碎化和不规则化，其原因是经济建设的发展，特别是旅游资源的开发，导致建设用地的大规模扩张，不可避免地造成了耕地、林地、裸地等被占用（杨木壮 等，2013）。人为干扰海岸带原生植被的活动也加速了南澳岛裸地

图 2.9 广东省汕头市南澳岛植被外貌

面积的扩大，并对海岸带植被造成不可逆转的影响。

1）山杜英＋鸭脚木＋珊瑚树群落

本群落类型为天然次生林分，人为干扰较少，林相相对较好。山杜英、鸭脚木、珊瑚树为乔木层，伴生树种有台湾相思、梅叶冬青（*Ilex asprella*）、豺皮樟（*Litsea rotundifolia*）、玉叶金花（*Mussaenda pubescens*）、两面针（*Zanthoxylum nitidum*）、九节（*Psychotria rubra*）、栀子（*Gardenia jasminoides*）、细叶榕（*Ficus microcarpa*）、粗叶榕（*Ficus hirta*）、假鹰爪（*Desmos chinensis*）、朴树（*Celtis sinensis*）、小蜡（*Ligustrum sinense*）等。

2）红树林群落

南澳岛的红树林植物群落面积较小，仅分布在个别河口处，种类主要为秋茄、桐花树、老鼠簕和南方碱蓬（*Suaeda australis*）等（图2.10）。

3）马尾松＋湿地松人工林群落

在此群落类型中，乔木层为马尾松、湿地松，伴生种有台湾相思、亮叶猴耳环（*Archidendron lucidun*）、降真香（*Acronychia pedunculata*）、鸭脚木、箬叶竹（*Indocalamus longiauritus*）等，灌木层主要有桃金娘（*Rhodomyrtus tomentosa*）、梅叶冬青、栀子（*Gardenia jasminoides*）、黑面神（*Breynia fruticosa*）、雀梅藤（*Sageretia thea*）等，草本层主要种类为芒萁（*Dicranopteris pedata*）等，藤本植物有海金沙（*Lygodium japonicum*）、扇叶铁线蕨（*Adiantum flabellulatum*）、菝葜（*Smilax china*）、玉叶金花、酸藤子（*Embelia laeta*）等。

图 2.10 广东省汕头市南澳岛红树林群落

该林分为南澳岛主要植被类型，多生长于山体中上部，为人工造林、飞播造林或天然下种更新。

4）台湾相思 + 大叶相思人工林群落

相思林群落在南澳岛广泛分布，主要在山体中部或中下部，林分以砍伐后萌芽的次生林为主，林相较为整齐，受人为干扰较多。伴生树种主要有潺槁树、鸭脚木、簕党（*Zanthoxylum avicennae*）等。灌木层主要有雀梅藤、鸦胆子（*Brucea javanica*）、车桑子（*Dodonaea viscosa*）、梅叶冬青、黑面神、羊角拗（*Strophanthus divaricatus*）、栀子、米碎花（*Eurya chinensis*）、黄荆（*Vitex negundo*）等。

5）马尾松 + 相思针阔叶混交林群落

在该群落中，马尾松和台湾相思、大叶相思的比例常受山体海拔的变化而变化，一般随着山体海拔上升，相思林的数量减少而马尾松逐渐增加，并逐渐向纯松林过渡。伴生树种有潺槁树等。灌木层主要种类有桃金娘、栀子、羊角拗、梅叶冬青、豺皮樟等。

2.1.3.2 粤中段

（1）中海岸带植被

本段包括深圳市、东莞市、广州市、中山市、珠海市和江门市的新会区。本段海岸线长 464.8 km，有平原，也有台地、丘陵和山地，河流纵横，滩涂宽阔。气候温和湿润，年平均气温 21.3~22.8℃，年降水量 1 800~2 200 mm。丘陵和山地的土壤以赤红壤为主，沿海平原地区为水稻土和滨海盐渍沼泽土。丘陵山地以次生阔叶林或相思树、马尾松和桉树混交林为主，滨海的红树林主要分布在深圳的大鹏半岛东岸和福田红树林自然保护区，东莞的虎门、长安、沙田、麻涌，广州的番禺和南沙，中山的南朗，珠海的淇澳和横琴，新会的崖门古炮台对岸和崖南围垦区。

深圳湾位于深圳和香港两个特大型城市之间，广东内伶仃福田国家级红树林自然保护区是世界上唯一位于城市中心区的红树林生态湿地，是东半球国际候鸟通道上重要的"中转站"和"加油站"，具有重要的生态系统服务功能（图 2.11）。

图 2.11 广东内伶仃福田国家级红树林自然保护区

广东内伶仃福田国家级红树林自然保护区内的红树林群落基本成带状分布，为灌木或小乔木林，以秋茄、桐花树、白骨壤为优势树种，也构成了本地区最典型的植物群落。1993 年引种的无瓣海桑已发展成繁茂的人工群落，并趋于自然更新状态。零星分布的红树植物有木榄和海漆。利用 TM 遥感影像分析发现，1986—2007 年，深圳湾因城市化发展而开垦了大量湿地，红树林由原来较为广泛的带状分布转变为向自然保护区集中分布，自然生长的红树林越来越少，取而代之的是保护区内的人工种植的红树林，且大部分为无瓣海桑人工林（杨洪，2012）。

珠海历史上红树林面积广大，1985 年全市红树林面积超过 1 400 hm^2。珠海市淇澳岛陆地面积 23.8 km^2，历史上该岛四周滩涂曾有茂密的原生红树林，但由于大量围海造田、围垦养殖以及桥梁、码头建设等，红树林群落受到严重破坏。目前，在淇澳岛西北部的大围湾有 32.2 hm^2 的天然红树林保存完好，这里分布着大片淤泥质滩涂，适宜红树林生长。天然的红树林群落位于海湾后缘高潮滩，保存状况良好，林龄在 30 年以上，有秋茄—桐花树群落、桐花树—老鼠簕群落和卤蕨（*Acrostichum aureum*）群落。在海湾中部的中潮滩，以前曾被互花米草（*Spartina alterniflora*）入侵，但自 1999 年始，每年通过种植海桑（*Sonneratia caseo-*

laris）和无瓣海桑，以抑制互花米草的生长扩散（王树功 等，2010）。目前，人工海桑和无瓣海桑群落已成为淇澳岛红树林的主要植被类型（图2.12、图2.13）。此外，淇澳岛还引入了红海榄、水黄皮（*Pongamia pinnata*）、银叶树（*Heritiera littoralis*）等用于恢复（彭辉武 等，2011）。在此情况下，淇澳岛红树林斑块的空间格局和种的构成发生了变化，红树林群落植物多样性明显减弱。历史记载和遥感分析的研究表明，淇澳岛红树林面积于1984年、1988年、1995年、2002年、2003年和2004年分别为109.2 hm²、20.16 hm²、28.08 hm²、57.96 hm²、102 hm²、200 hm²（周凡 等，2003；王树功 等，2005a；王树功 等，2005b）。

澳门路凼城生态保护区的红树林面积为最大，凼仔红树林区次之，澳门半岛红树林区和凼仔红树林区皆呈带状零星分布，总面积约60.3 hm²（陈桂珠 等，2011），其中真红树林植物有卤蕨、老鼠簕、秋茄、白骨壤、桐花树、海桑、无瓣海桑及木榄，其中以老鼠簕、桐花树、秋茄、白骨壤最为常见，半红树植物分别是黄槿、阔苞菊（*Pluchea indica*）、水黄皮、海檬果等（何锐荣，2009）。

（2）大鹏半岛的植被及植物群落

大鹏半岛位于深圳龙岗区东南部，地理位置为22°26′~22°34′N、114°28′~114°37′E，总面积约为106.7 hm²。该半岛东靠大亚湾，与惠州市惠阳区部分岛屿隔海相对，西隔大鹏湾，与香港新界相望，南部是我国的南海海域，海岸线长达65 km，约占深圳市海岸线的33%。大鹏半岛地貌以低山、丘陵为主，海拔在200 m以上的地区约占总面积的一半。其中最大的山脉为七娘山脉，主峰海拔为867 m，是广东省莲花山脉向西南延伸的海岸山脉。土壤属于赤红壤、红

图2.12 广东省珠海市淇澳岛无瓣海桑人工林

图 2.13 广东省珠海市淇澳岛无瓣海桑 + 木榄 + 老鼠簕人工林群落

壤。土壤的酸性较大，土质黏重，有机质含量少。

　　大鹏半岛位于北回归线以南，亚洲热带北缘与南亚热带的过渡地带，属南亚热带海洋性季风气候。冬季受极地大陆气团及其变性气团的影响，天气比较干凉，1 月平均气温 14℃，年均气温 22.3℃，年降水量为 2 000 mm。虽然偶尔的台风和霜冻会对植物的生长造成伤害，但大鹏半岛高温多雨的气候条件十分有利于热带、亚热带植物的生长。

1）大鹏半岛的维管植物多样性

　　大鹏半岛生长着南亚热带常绿阔叶林及多种灌丛和草本群落，海滨沙滩上的冲积土多生长着红树林群落。野外调查和资料统计结果表明，大鹏半岛地区有维管植物 212 科 846 属 1 657 种，分别占广东省维管植物总数的 73.4%、41.8%、22.3%。其中，野生维管束植物有 212 科 724 属 1 432 种，植物种类总数占广

东省野生维管植物总数的 24.1%。在野生植物中，有蕨类植物 43 科 81 属 163 种，裸子植物 7 科 6 属 7 种，被子植物 162 科 637 属 1 262 种。大鹏半岛植物区系的热带成分占有明显优势，分别占总属数和总种数的 84.36% 和 90.82%，并在群落中为优势种，而温带成分仅分别占 15.64% 和 9.05%（张永夏 等，2006a；张永夏 等，2006b）。

2）大鹏半岛的植被

　　在《广东植被》基础上，结合实地踏查情况，按照《中国植被》的植被类型的划分原则，绘制了《大鹏半岛自然保护区植被图》（图 2.14），并根据《中国植被》中植被区划的原则，确定了本区域的植被地带特征。

　　大鹏半岛的地带性植被为热带季雨林，典型植被为热带半常绿季雨林，但由于大鹏半岛位处于热带、

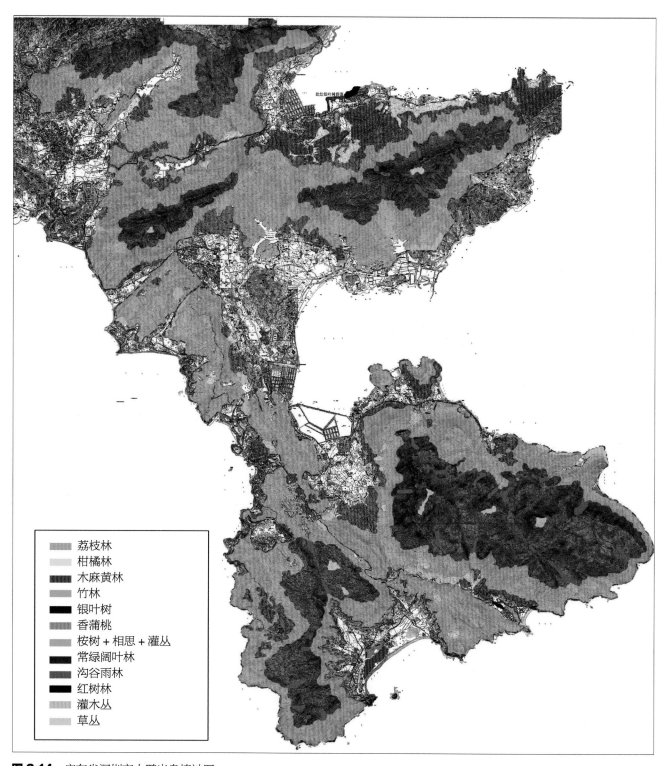

图例：
- 荔枝林
- 柑橘林
- 木麻黄林
- 竹林
- 银叶树
- 香蒲桃
- 桉树 + 相思 + 灌丛
- 常绿阔叶林
- 沟谷雨林
- 红树林
- 灌木丛
- 草丛

图 2.14 广东省深圳市大鹏半岛植被图

亚热带植被分界线的边缘上，非常接近南亚热带季风常绿阔叶林的边缘，因此，植被类型具有亚热带向热带过渡的性质。目前，大鹏半岛以次生植被类型和海岸植被为主。

大鹏半岛植被组成种类中热带成分较为丰富，主要由锦葵科、大戟科、叶下珠科、桃金娘科、桑科等植物组成，主要种类有细叶榕、土沉香（*Aquilaria sinensis*）、假苹婆（*Sterculia lanceolata*）、银柴（*Aporosa dioica*）、禾串树（*Bridelia balansae*）、香蒲桃（*Syzygium odoratum*）、多花山竹子（*Garcinia multiflora*）等。而在山地的优势科与亚热带相近，主要为樟科、壳斗科、杜英科、金缕梅科等。丘陵地的植被较单纯，主要为岗松（*Baeckea frutescens*）群落。丘陵地的现状植被多为岗松、桃金娘、芒萁等组成的热性灌木草丛。

海岸红树林的组成种类较简单，以桐花树、白骨壤及老鼠簕为主，红树科的秋茄散布于群落中，偶见有木榄分布。海滨刺灌丛及沙生植被面积不大，主要有酒饼簕（*Atalantia buxifolia*）、雀梅藤、莿柊（*Scolopia chinensis*）和露兜树（*Pandanus tectorius*）等组成的刺灌丛以及由鬣刺（*Spinifex littoreus*）、厚藤（*Ipomoea pes-caprae*）等组成的沙生草丛。

在沙滩内缘常有季节性积水的低地，并出现小片状的由铺地黍（*Panicum repens*）等组成的湿生草丛。

3）大鹏半岛的植被类型

大鹏半岛地带性植被的代表类型为热带季雨林型的半常绿季雨林，但典型的地带性植被仅在村边的"风水林"可以见到。南亚热带季风常绿阔叶林在大鹏半岛分布十分普遍，并占据着优势。因此，依生境条件特点、群落的组成成分、外貌和结构特征，参照《中国植被》（吴征镒，1980）的系统，并据调查资料，可主要划分为以下植被群落类型：

①南亚热带季风常绿阔叶林

大鹏半岛的常绿阔叶林可分为低地常绿季雨林（亚热带常绿季雨林）和山地常绿阔叶林（亚热带常绿阔叶林）。低地常绿季雨林目前只在西冲、半天云、东冲、油草村、鹅公村、盐灶村等村落附近保留星散分布，俗称为"风水林"。低地常绿季雨林乔木层种类以假苹婆、土沉香、禾串树、香蒲桃占明显优势。灌木种类较多，常见的如罗伞树（*Ardisia quinquegona*）、九节、豺皮樟、岗松、桃金娘、野牡丹（*Melastoma malabathricum*）以及一些乔木层的幼树等。草本层以中华苔草（*Carex chinensis*）、毛果珍珠茅（*Scleria levis*）、乌毛蕨（*Blechnum orientale*）、蜈蚣草（*Eremochloa ciliaris*）、芒萁等多见。

山地常绿阔叶林是东亚湿润亚热带酸性红壤、黄壤地区特有的地带性植被类型，也是热带和亚热带过渡的一种植被类型，在南亚热带丘陵山地表现得尤为明显，在大鹏半岛分布于七娘山海拔 200~700 m 的丘陵山地，以川鄂栲（*Castanopsis fargesii*）、鸭脚木、浙江润楠（*Machilus chekiangensis*）为明显优势。林下灌木层主要是上层乔木的幼树等。林下草本植物层少而稀疏，常见的有草珊瑚（*Sarcandra glabra*）、乌毛蕨和中华苔草等。主要群落类型有：

a. 细叶榕＋假苹婆群落

该群落常见于低海拔的风水林中，如鹅公村风水林（图 2.15）。乔木层以假苹婆、细叶榕为主，也有五月茶（*Antidesma bunius*）、白桂木（*Artocarpus hypargyreus*）、朴树、黄樟（*Cinnamomum parthenoxylon*）夹杂其中，灌木层中常见的种类有红鳞蒲桃（*Syzygium hancei*）、谷木（*Memecylon ligustrifolium*）、银柴等。

b. 浙江润楠＋木荷（*Schima superba*）群落

该群落分布于南澳油草村的风水林中（图 2.16）。乔木层主要由浙江润楠、木荷、五月茶组成，此外还有鸭脚木、莿柊、杂色榕（*Ficus variegata*）、白车（*Syzygium levinei*）等诸多种类，灌木层也有许多种类，常见的有狗骨柴（*Diplospora viridiflora*）、豺皮樟和罗伞树等，藤本植物有花椒簕（*Zanthoxylum scandens*）。

图 2.15 广东省深圳市大鹏半岛鹅公村风水林植物群落

图 2.16 广东省深圳市大鹏半岛油草村风水林植物群落

c. 假苹婆＋臀果木（*Pygeum topengii*）＋木荷群落

该群落分布于南澳半天云村的风水林中。乔木层主要由假苹婆、臀果木、木荷组成，此外还有五月茶、白桂木、朴树等乔木种类，灌木层有乌材（*Diospyros eriantha*）、白楸（*Mallotus paniculatus*）、豺皮樟和罗伞树等，藤本植物有白花油麻藤（*Mucuna birdwoodiana*）等。

d. 鸭脚木—大头茶（*Polyspora axillaris*）群落

该群落在七娘山和排牙山分布范围较广，群落的优势种为鸭脚木，伴生树种有降真香、鼠刺（*Itea chinensis*）、大头茶、山乌桕（*Triadica cochinchinensis*）等。灌木层以鸭脚木幼苗为主，还常见有大头茶、罗伞树、毛稔（*Melastoma sanguineum*）、密花树（*Myrsine seguinii*）和梅叶冬青等种类。

e. 川鄂栲＋罗浮栲群落

该群落在七娘山分布范围较广，多见于海拔500~850 m 的山地，群落外貌呈深绿色，林冠较为整齐，乔木层以川鄂栲、罗浮栲为主，此外罗浮柿（*Diospyros morrisiana*）、小叶青冈（*Cyclobalanopsis myrsinifolia*）和厚壳桂（*Cryptocarya chinensis*）等种类也较常见。灌木层的种类较丰富，常见的有毛冬青（*Ilex pubescens*）、天料木（*Homalium cochinchinense*）、粗叶榕等。

f. 浙江润楠＋鸭公树（*Neolitsea chui*）—鸭脚木群落

该群落位于排牙山求水岭的低山地带中，群落结构复杂，以浙江润楠、鸭脚木、假苹婆、鼠刺占优势，还常见有珊瑚树、大头茶、朴树、潺槁树、柳叶毛蕊茶（*Camellia salicifolia*）、罗伞树、水同木（*Ficus fistulosa*）、银柴等。灌木层以九节和罗伞树占绝对优势，常见种类还有变叶榕（*Ficus variolosa*）、紫玉盘（*Uvaria microcarpa*）、豺皮樟、梅叶冬青、横经席（*Calophyllum membranaceum*）等。草本层种类主要有草珊瑚、黑莎草（*Gahnia tristis*）、仙茅（*Curculigo orchioides*）、金毛狗（*Cibotium barometz*）等。藤本植物种类较多，

但并不发达，主要有假鹰爪、清香藤（*Jasminum lanceolarium*）、菝葜、刺果藤（*Byttneria grandifolia*）、锡叶藤（*Tetracera asiatica*）等。

g. 浙江润楠＋大头茶＋马尾松—降真香群落

该群落在排牙山海拔 200~400 m 的阳性山坡常见，群落上层优势阔叶树种以大头茶、浙江润楠、大头茶、降真香、豺皮樟及鼠刺占优势，其余树种有鸭脚木、腺叶野樱（*Laurocerasus phaeosticta*）、光叶山矾（*Symplocos lancifolia*）、绒毛润楠（*Machilus velutina*）、罗浮栲（*Castanopsis fabri*）、荷莎及山乌桕等。灌木层除阔叶乔木的幼树外，以光叶山黄皮（*Aidia canthioides*）、桃金娘及栀子占优势。草本层稀疏，常见的有乌毛蕨（*Blechnum orientale*）、蔓九节（*Psychotria serpens*）、芒萁及黑莎草等种类。

h. 鳖蕨—山杜英＋厚皮香（*Ternstroemia gymnanthera*）—罗伞树＋九节群落

该群落在排牙山海拔 300 m 以下的低山地带较为常见，乔木以鳖蕨、山乌桕及山杜英（*Elaeocarpus sylvestris*）等为主；乔木下层以鼠刺、山杜英、银柴、厚皮香及罗伞树等占优势，还常见有岭南山竹子（*Garcinia oblongifolia*）、假苹婆、降真香、黄牛木（*Cratoxylum cochinchinense*）、绒毛润楠、罗浮柿及密花树等。灌木层以罗伞树和九节等占优势。草本层稀疏，常见有芒萁、乌毛蕨、山菅兰（*Dianella ensifolia*）等。

i. 厚皮香—岗松＋桃金娘灌木林群落

该群落分布于排牙山大坑水库附近和高岭村后山坡，以厚皮香、岗松及桃金娘占优势，还有大头茶、毛稔、栀子、变叶榕及网脉山龙眼（*Helicia reticulata*）等。草本层主要有山菅兰、珍珠茅（*Scleria spp.*）、芒萁、黑莎草等。藤本植物种类丰富，有小叶买麻藤（*Gnetum parvifolium*）、链珠藤（*Alyxia sinensis*）和菝葜等种类（图 2.17）。

j. 香蒲桃群落

该群落分布于大鹏半岛西冲村临近海岸，主要植

图 2.17 广东省深圳市大鹏半岛高岭村岗松 + 桃金娘植物群落

被为香蒲桃和人工木麻黄林。香蒲桃是唯一的优势树种，形成了广东省少见的单优香蒲桃群落。林下灌木层主要有密花树、豺皮樟、九节、银柴等。藤本植物种类较少，多为草质藤本植物如贴生石韦（*Pyrrosia adnascens*）、伏石蕨（*Lemmaphyllum microphyllum*）、鸡眼藤（*Morinda parvifolia*）等。树下的草本植物也较为稀少，常见的有半边旗（*Pteris semipinnata*）、中华苔草、土麦冬（*Liriope spicata*）等种类（图2.18）。

k. 银叶树群落

该群落主要分布在葵涌街道办的盐灶村和坝光村沿海区域，呈间断分布。银叶树是热带亚热带海岸红树林树种之一，既能生长在潮间带，也能在陆地上生长，但不具有胎萌、气生根及耐高渗透压等典型红树植物特征，耐盐能力一般。深圳盐灶的银叶树种群树龄较长，是我国目前发现最古老的银叶树种群。该银叶树群落总面积约 7.5 hm²，周围零星生长有少量

卤蕨、秋茄、木榄和老鼠簕、多毛马齿苋（*Portulaca pilosa*）、补血草（*Limonium sinense*）等伴生植物，以及莿苳、笔管榕（*Ficus superba* var. *japonica*）、紫玉盘、厚壳桂、阴香（*Cinnamomum burmannii*）、假苹婆、银柴、九节、鸭脚木、文殊兰（*Crinum asiaticum* var. *sinicum*）、酒饼簕、海芋（*Alocasia odora*）和半边旗（*Pteris semipinnata*）等其他植物种类 50 余种，且生长密集，郁闭度较大（图2.19）。在银叶树群落周围，还有一小部分红树林植物。

②沟谷雨林

该群落主要分布在大鹏半岛沟谷地段，乔木层以水同木、粗毛野桐（*Hancea hookeriana*）和假苹婆为主，此外还有细叶榕、水冬哥（*Saurauia tristyla*）、杂色榕、岭南山竹子、猴欢喜（*Sloanea sinensis*）等。林下灌木层种类也比较丰富，主要为九节及棕榈科的华南省藤（*Calamus rhabdocladus*）、白藤（*Calamus tetradac-*

图 2.18 深圳大鹏半岛西冲村香蒲桃群落

图 2.19 广东省深圳市大鹏半岛盐灶村银叶树群落

tylus）等。草本层较为稀疏，多为分叉露兜（*Pandanus furcatus*）、艳山姜（*Alpinia zerumbet*）和一些附生性的蕨类植物如江南星蕨（*Neolepisorus fortunei*）、鸟巢蕨（*Neottopteris nidus*）、贴生石韦等。

③红树林

红树林群落分布在大鹏半岛东海岸海边河口处和潮间带海滩盐渍土上，如盐灶、东冲、坝光、杨梅坑等地，其组成种类相对简单。红树林植物种类有16种，以秋茄、桐花树、白骨壤、木榄、海漆为主，伴生植物有老鼠簕、卤蕨、假茉莉等。海滩沙生草丛和刺灌丛多为酒饼簕、雀梅藤、莉芩、露兜树以及由厚藤等组成的沙生草丛。半红树林植物以黄槿、银叶树为主（陈树培，1997）。由于大鹏半岛各地段环境条件的差异，红树林的组成种类最丰富的地区为东冲，约占全半岛种类总数的68.7%（图2.20）。

④灌草丛群落

灌草丛是大鹏半岛分布最普遍的一种植被类型，主要群落为桃金娘+车轮梅（*Rhaphiolepis indica*）群落，大头茶－岗松群落和桃金娘群落。草本植物主要有芒萁、乌毛蕨、白花酸藤子（*Embelia ribes*）、粗毛鸭嘴草（*Ischaemum barbatum*）等。这些植被群落主要分布在低矮丘陵或受人为干扰较大的山坡（图2.21）。

露兜树群落主要生长在大鹏半岛最东部的鹿咀山庄附近（图2.22），周围的杂林中的胡颓子（*Elaeagnus pungens*）、桃金娘、野牡丹、牛耳枫（*Daphniphyllum calycinum*）、珊瑚树等。

图2.20 广东省深圳市大鹏半岛东冲红树林植被

图 2.21 广东省深圳市大鹏半岛山地的灌草丛群落

图 2.22 广东省深圳市大鹏半岛鹿咀山庄附近的露兜树群落

草海桐（*Scaevola taccada*）群落主要分布在鹿咀山庄附近山的南坡，呈斑块状（图2.23）。草本植物主要有狗牙根（*Cynodon dactylon*）等。

⑤竹林

粉箪竹（*Bambusa chungii*）+坭竹（*Bambusa gibba*）+青皮竹（*Bambusa textilis*）群落仅见于南澳迭福山北坡，呈斑块状分布，间有散生的箬叶竹和托竹（*Pseudosasa cantori*）。林下灌木层和草本层比较缺乏。

⑥人工林群落

荔枝（*Litchi chinensis*）林群落主要分布在村落周围的丘陵和低海拔的山坡处，是大鹏半岛面积较大的人工林。柑橘（*Citrus reticulata*）林群落主要种植在村落周边，面积不大，并常与荔枝林相邻与镶嵌在荔枝林内。木麻黄群落主要分布在西冲海滩附近，为沿海重要的防风林。在西冲的木麻黄林中有时会间种马占相思和大叶相思。林下草本植被层较为单调，偶有土丁桂（*Evolvulus alsinoides*）等小型草本植物。

桉树林和相思林多为人工改造林，以风景林或防护林为目的，一般是在原先灌草丛的基础上间种。这种群落主要分布在中低海拔、原生植被多为灌草丛的山坡上。桉树的种类一般为大叶桉（*Eucalyptus robusta*）、柠檬桉（*E. citriodora*）、尾叶桉（*E. urophylla*）等，相思类主要有大叶相思、马占相思、台湾相思等，它们占据了林地的上层。由于此类型的人工林分布较广，面积也较大，故林下植物也不尽相同，主要林下植物有豺皮樟、黄牛木、车轮梅、酸藤子、类芦（*Ney-*

图2.23 广东省深圳市大鹏半岛鹿咀山庄草海桐群落

raudia reynaudiana）、蔓九节等，草本多为蜈蚣草、毛秆野古草（Arundinella hirta）以及一些莎草或苔草类。

木荷＋黧蒴（Castanopsis fissa）＋红锥＋山杜英＋厚壳树（Ehretia acuminata）混交群落为大鹏半岛生态风景林建设或林相改造的结果，主要以人工的方式将原先山坡上的杉木（Cunninghamia lanceolata）、相思树、桉树以及部分灌草丛进行清理，然后再种植木荷、黧蒴、火力楠（Michelia macclurei）、樟树、红锥、山杜英、厚壳树、大头茶等乡土树种。此部分群落主要是在葵涌径心水库、南澳枫木浪水库等地部分山坡进行，面积一般每块 10~70 hm²。

（3）珠江口岛屿植被

1）内伶仃岛

内伶仃岛位于珠江口伶仃洋东部，地理位置为 22°23′49″~22°25′35″N，113°46′18″~113°49′49″E，为由花岗岩、变质砂岩构成的海岛丘陵，主峰为尖峰山，海拔约 340.9 m，地势中间高，四面低。海岛四周受海蚀作用，发育有海蚀崖、石排、海下沙滩、海滩、沙堤和 1~2 级滨海台地。地带性土壤为赤红土壤，还有滨海沙土和耕作土。岛屿西北—东南长约 4 km，南北约 2 km，总面适为 4.98 km²，为珠江口现存的有猕猴的 4 个岛中面积最小的岛屿。该岛属南亚热带季风气候区，盛行风以偏南风和东北风为主，年均风速为 2.1 m/s，7—10 月多台风。年平均气温 21.5℃。年降水量达 2 055.8 mm，每年 4—9 月降水占全年总量的 85%，同时气温也高于 20℃。植被覆盖率达 90% 以上。本岛原生植被为南亚热带常绿阔叶林，由于人类活动长期干扰，几毁殆尽，现存的大多数植被都是近几十年演替的次生林和人工林（覃朝锋 等，1990）。内伶仃岛北部、西部以及海拔 120 m 以下地区主要为人工林，以台湾相思为主，面积约占全岛的 40%；马尾松林面积较小，占 15%~20%；在岛的东部、东南部以及海拔 260 m 以上地区，多为灌木林群落，约占 35%，其他为果园林等（廖文波 等，1999；蓝崇钰 等，2001）。

本岛维管植物种类约有 500 种，以热带亚热带的科属种为主，如大戟科、叶下珠科、豆科、菊科、禾本科等，主要的植被类型有如下几种（覃朝锋 等，1990；廖文波 等，1999）：

①南亚热带常绿阔叶林

该类型群落主要分布于岛的东部，物种组成以热带亚热带成分占优势。乔木层优势种为短序润楠（Machilus breviflora）、潺槁树、假苹婆、翻白叶树（Pterospermum heterophyllum）、白桂木、刺葵（Phoenix loureiroi）、黄牛木和鸭脚木等。灌木层主要有九节、栀子、大沙叶（Pavetta arenosa）、豺皮樟、牛耳枫等。草本层以华山姜（Alpinia oblongifolia）、凤尾蕨属等为主。层间藤本植物较多，以紫玉盘、山椒子为主，还有飞龙掌血（Toddalia asiatica）、龙须藤、刺果藤、罗浮买麻藤（Gnetum luofuense）、藤黄檀（Dalbergia hancei）、白藤等。

②南亚热带常绿针叶林

该类型群落以马尾松群落为主，但也有少量的杉木、罗汉松（Podocarpus macrophyllus）等。马尾松是 20 世纪 50 年代初种植的，分布于尖峰山南坡。灌木层以九节、银柴、豺皮樟为主，草本层以麦冬（Ophiopogon japonicus）为优势种。藤本植物有青江藤（Celastrus hindsii）、藤黄檀等。此外，本类群的群落还有马尾松—薪苧＋豺皮樟群落，此群落中层间植物多为香花鸡血藤（Callerya dielsiana）等，灌木层优势种不明显，常见有九节、豺皮樟等。

③南亚热带针、阔叶混交林

该类型群落分布于东背坳及南湾、东湾连线稍偏东，面积不大，马尾松较少，阔叶树种开始增多，形成结构简单的马尾松—短序润楠＋银柴针阔叶混交林。群落优势种为马尾松、短序润楠、银柴和薪苧，层间藤本主要有菝葜、青江藤，灌木层优势种为九节、桃金娘、毛冬青等。

④南亚热带常绿灌丛

该类型群落是由于原生植被在人类生产活动反复破坏后逆行演替的次生灌丛，主要由桃金娘、米碎花、豺皮樟、倭竹（Shibataea kumasaca）组成。桃金娘＋米碎花群落分布于南峰坳西坡和尖峰山南坡，伴生有大沙叶、箣党、毛果算盘子（Glochidion eriocarpum）、尖山橙（Melodinus fusiformis）、刺葵等。草本层有芒萁、乌毛蕨、毛稔以及蔓九节、海金沙、无根藤（Cassytha filiformis）等。

⑤南亚热带山坡草地

该类型群落主要为类芦群落和豺皮樟—五节芒—芒萁群落。类芦群落主要由类芦、芒草、芒萁、蔓生莠竹组成，分布于黑沙湾谷地、撂荒地和东湾、南湾滨海阶地上、林线以下。其他草本植物有蔓生莠竹、芒草、细毛鸭嘴草（Ischaemum indicum）、大白茅（Imperata cylindrica var. major）、水蔗草（Apluda mutica）、下田菊（Adenostemma lavenia）、田基黄（Grangea maderaspatana）等。蔓生藤本有茄叶斑鸠菊（Vernonia solanifolia）等。其间散生对叶榕（Ficus hispida）、杂色榕、白花灯笼（Clerodendrum fortunatum）、毛稔、野牡丹、土蜜树（Bridelia tomentosa）、香港算盘子（Glochidion zeylanicum）等。

豺皮樟—五节芒—芒萁群落以豺皮樟占优势，其他为五节芒，此外还有米碎花、银柴、鸭脚木、车轮梅等。下层为芒萁草丛。

⑥滨海沙生灌草丛

滨海沙生灌草丛是沙堤和沙滩耐旱、耐瘠、固沙、防风的先锋群落之一，主要植物种类有唇形科的单叶蔓荆（Vitex rotundifolia）、旋花科的厚藤、禾本科的鬣刺，形成单叶蔓荆＋厚藤＋鬣刺群落。还有少量的卤地菊（Melanthera prostrata）、蛇婆子（Waltheria indica）、大白茅、松叶耳草（Hedyotis pinifolia）、地杨桃（Sebastiania chamaelea）等植物有些地段还有露兜树、酒饼簕群落。

⑦人工林与果园

内伶仃岛的台湾相思群落约占全岛面积的40%，经过几十年的演替，已逐渐成为典型的阔叶林植被，其他林下树种有破布叶、破布木、银柴、潺槁树、梅叶冬青、朴树、假苹婆、翻白叶树、笔管榕、红鳞蒲桃等。灌木层有九节、朱砂根、鲫鱼胆（Maesa perlaria）、裸花紫珠（Callicarpa nudiflora）等。草本有土麦冬等。以台湾相思为主形成的植被群落主要有：台湾相思—鸭脚木＋潺槁树群落，台湾相思—短序润楠＋露兜树群落，台湾相思—破布叶—九节群落，台湾相思—龙眼（Dimocarpus longan）—九节群落等。

人工龙眼林也常与海芋形成龙眼—海芋群落。内伶仃岛各种人工果林，目前均疏于管理，部分处于撂荒状态。

2）大虎岛

大虎岛是本次调查的岛屿中面积最大的岛，位于22°49′5.56″~22°49′52.32″N、113°34′13.90″~113°35′16.26″E之间，岛域面积约1.065 5 km²。

大虎岛上植被丰富，现状植被以次生林为主，植物种类198种，植被覆盖率约为90%（图2.24）。

大虎岛植被以亚热带常绿阔叶林为主，多分布在山坡、山腰等受海风影响较小的山隙、山间地带，岛上不同位置的常绿阔叶林的组成物种和优势种不一样。岛的西南方向主要是大叶相思、潺槁树、黄牛木、土蜜树、杠板归（Polygonum perfoliatum）群落，群落外貌呈淡黄绿色。乔木层的优势种主要是鸭脚木、潺槁树、降真香、黄牛木、大叶相思、马占相思、大叶桉等，群落稀疏，高度为3~5 m，有时可达7~8 m，其中大叶相思和马占相思为人工栽培植物。灌木层优势种主要是箣党、土蜜树、龙船花、狗骨柴、破布叶、红背山麻杆（Alchornea trewioides），高度为1~2 m。草本层主要是毛秆野古草、芒萁等。藤本植物主要有锡叶藤、匙羹藤、大花忍冬（Lonicera macrantha）、杠板归等。

岛的北面主要是马占相思、潺槁树、破布叶、豺

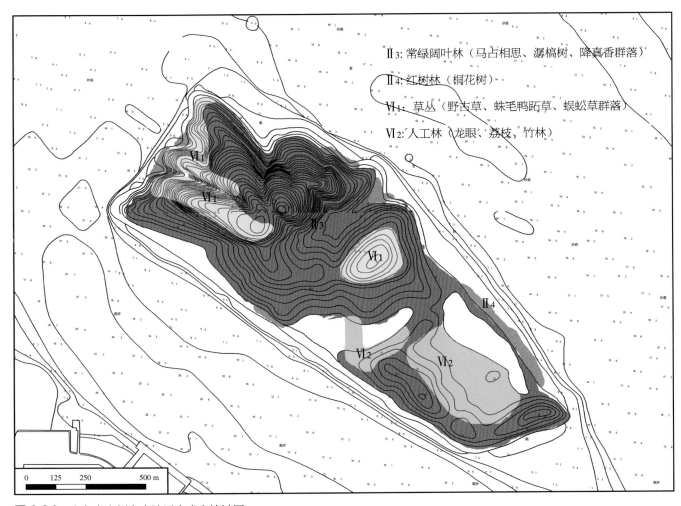

II₃: 常绿阔叶林（马占相思、潺槁树、降真香群落）

II₄: 红树林（桐花树）

VI₁: 草丛（野古草、蛛毛鸭跖草、蜈蚣草群落）

VI₂: 人工林（龙眼、荔枝、竹林）

0　125　250　500 m

图 2.24　广东省广州市南沙区大虎岛植被图

皮樟、芒萁群落，群落外貌呈淡黄绿色。乔木层优势种主要是马占相思、大叶相思、潺槁树、破布叶、黄牛木、降真香，群落稀疏，高度为 4~5 m，有时可达9 m，灌木层优势种主要是豺皮樟、破布叶、野漆树、乌饭树等，高度为 3~4 m。草本层主要是芒萁和毛秆野古草。另外，西北方向两座小山的山腰和靠近山顶的部位也分布着面积不大的常绿阔叶林群落，乔木层主要是潺槁树、土蜜树、降真香等，草本层主要是芒萁、毛秆野古草、蜈蚣草等。本岛的藤本植物主要有小叶红叶藤（*Rourea microphylla*）、锡叶藤、无根藤、香花鸡血藤、罗浮买麻藤等。

岛中部的两个山峰之间分布着马占相思、潺槁树、土蜜树、破布叶和扭肚藤群落，群落外貌呈现淡黄绿

色，乔木层优势种主要是马占相思、大叶相思、潺槁树和白楸，占整个群落植被总数的 45%，灌木层优势种主要是土蜜树、破布叶、豺皮樟和梅叶冬青，藤本植物主要有扭肚藤（*Jasminum elongatum*）、毛秆野古草、山菅兰、芒萁和九节。

岛的南面靠近海域的地方分布着潺槁树、破布叶、豺皮樟、芒萁群落，群落稀疏，呈淡黄绿色。乔木层优势种主要是潺槁树、破布叶、大叶相思和黄牛木，高度为 4~5 m，灌木层优势种主要是豺皮樟、九节，高度为 1~2 m，草本层主要是芒萁和细毛鸭嘴草等。

岛西北方向的小山上沿着山脊直到山顶，在北风的迎风面基本上没有乔木和灌木生长，这里主要分布着草本群落，主要是毛秆野古草、蜈蚣草和蛛丝毛蓝

39

耳草（*Cyanotis arachnoidea*）。

岛上有两个鱼塘，一个池塘，西面的鱼塘周围是一片竹林，面积不大。两个鱼塘之间是人工植被，主要是龙眼林、荔枝林和部分竹林，一直延伸到旁边小山的半山腰。东面池塘靠近小山旁边也分布着一大片荔枝、龙眼林。

3）上横挡岛

上横挡岛位于虎门大桥以北（小部分在其以南），22°47′40″N、113°36′18″E，面积为7.9 hm²。上横挡岛北部、东部和东南部的海岸湿地基本上为砾石性裸滩，而西部和西南部低潮区域为沙泥质滩涂。近岸湿地上没有成片或成丛的草本或木本植物生长。自19世纪前叶修建虎门炮台至近年虎门大桥的修建，以及目前正在施工的观光工程，上横挡岛长期受到人类活动的严重干扰。植被现状以次生林及人工林为主，共有植物94种，海岛植被覆盖率约40%（图2.25）。

次生植被以南亚热带常绿阔叶林为主，总面积约2 hm²。主要是朴树、潺槁树、黄荆林，多分布于山顶及山腰，群落外貌呈淡黄绿色，总郁闭度50%~60%，林中透光较好，偶有较大空隙。群落结构简单，乔木层仅1~2层。乔木层优势种为朴树、潺槁树和黄荆，高度为4~10 m，较稀疏，其次为苦楝和土蜜树，另有少量阴香、阔荚合欢（*Albizia lebbeck*）、细叶榕、斜叶榕（*Ficus tinctoria* subsp. *gibbosa*）、对叶榕等。灌木层优势种为黄荆和马缨丹（*Lantana camara*），另有少量蓖麻（*Ricinus communis*）、酒饼簕等，高度1~2.5 m。草本层主要有海芋、类芦、鬼针草（*Bidens pilosa*）、豨莶草（*Sigesbeckia orientalis*）等。藤本植物较丰富，有五爪金龙（*Ipomoea cairica*）、薇甘菊（*Mikania micrantha*）、鸡矢藤（*Paederia scandens*）、小叶海金沙（*Lygodium microphyllum*）、扭肚藤、倒地铃（*Cardiospermum halicacabum*）等。

近海边及虎门大桥下附近是以类芦为主的草丛，总面积约4 hm²，另有少量马缨丹、鸦胆子和大白茅间

隙分布，草本层除类芦外，还有较多的鬼针草和豨莶草，另有少量小蓬草（*Erigeron canadensis*）、黄花稔（*Sida acuta*）、水茄、飞扬草（*Euphorbia hirta*）、雾水葛等。西面近海边有少量稀树灌草丛，面积约0.3 hm²，以潺槁树、苦楝、黄荆、鬼针草、豨莶草群落为主。乔灌木还有少量朴树、马缨丹、鸦胆子，草本植物还有一些假马鞭、野甘草、猪屎豆、小蓬草、黄花稔、土牛膝（*Achyranthes aspera*）、少花龙葵（*Solanum americanum*）等，藤本植物有一些薇甘菊、鸡矢藤。

东北面近海边有小片沙生灌丛（Ⅷ₂），分布有少量半红树及红树林伴生植物，如水黄皮、假茉莉、文殊兰，周围还有伴生有少量的苦楝、蓖麻、朴树和黄荆等，没有真正的红树林。

人工植被主要有小片防护林和用材林，总面积约0.6 hm²，北面偏东北坡各有一小片大叶相思林和尾叶桉林，山体西坡有小片的大叶相思林。另在炮台附件种有少量木棉，近海边房屋旁有少量的细叶榕、大叶相思、刺桐（*Erythrina variegata*）和仙人掌（*Opuntia dillenii*）等。

4）下横挡岛

下横挡岛位于虎门大桥以南，22°47′23″N、113°36′32″E，面积为6.7 hm²。近岸基本上为砾石性裸滩，仅在近岸局部有间断的沙质裸滩，东南部低潮区域为大面积的沙泥质滩涂。该岛由于在历史上曾修筑炮台，目前又开发了娱乐场、寺庙和旅游观光等设施，植被受到严重干扰，现状植被以次生林及人工林为主。整个海岛植被覆盖率约45%。

本岛共有植物54科，112属，128种，其中野生植物共有39科，79属，84种，栽培植物共有30科，43属，44种，种数超过该岛野生植物种类的一半。

次生植被以南亚热带常绿阔叶林为主，总面积约3 hm²，主要是朴树、潺槁树、土蜜树林，多分布于山坡及山腰，群落外貌呈淡黄绿色，总郁闭度35%~50%，林中透光较好，偶有较大空隙。群落结构简单，乔木

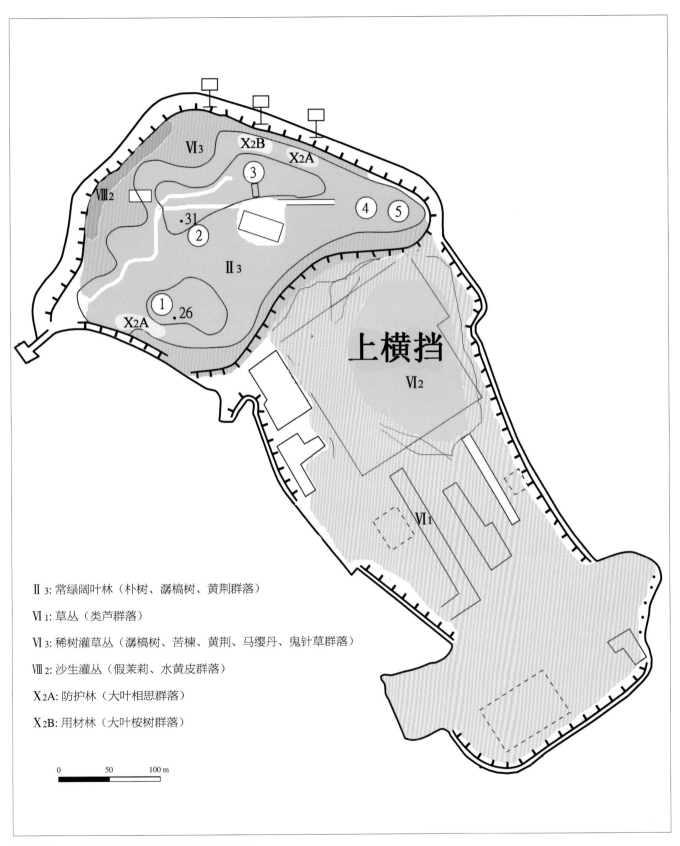

Ⅱ₃: 常绿阔叶林（朴树、潺槁树、黄荆群落）

Ⅵ₁: 草丛（类芦群落）

Ⅵ₃: 稀树灌草丛（潺槁树、苦楝、黄荆、马缨丹、鬼针草群落）

Ⅷ₂: 沙生灌丛（假茉莉、水黄皮群落）

Ⅹ₂A: 防护林（大叶相思群落）

Ⅹ₂B: 用材林（大叶桉树群落）

图2.25 广东省广州市南沙区上横挡岛植被图

41

层仅 1~2 层。乔木层优势种为朴树、潺槁树和土蜜树，其次为黄荆和黄牛木，另有少量阴香、苦楝、阔荚合欢、斜叶榕、细叶榕等，高度为 4~10 m，相当稀疏。灌木层优势种为黄荆、臭牡丹，其次为破布叶、马缨丹，另有少量盐肤木、酒饼簕、越南叶下珠（*Phyllanthus cochinchinensis*）、黑面神、小果叶下珠（*Phyllanthus microcarpus*）等，高度为 1~2.5 m。草本层主要有海芋、假杜鹃、鬼针草、豨莶草等。藤本植物较丰富，主要有五爪金龙、鸡矢藤、千里光、倒地铃、无根藤等。

北面近海边残存有小片海滩桐花树群落，面积约 60 m²，高度约 1.5 m。红树植物除几株桐花树外，另有少量半红树及红树林伴生植物，如水黄皮、阔苞菊、假茉莉、三叶鱼藤、空心莲子草。在北面近海边有一小片面积约 100 m² 的锈鳞飘拂草 + 茳芏群落。

近海边有少量灌草丛，总面积约 1.5 hm²。灌木有少量潺槁树、土蜜树、苦楝、朴树、马缨丹、盐肤木等。草本植物主要是假臭草、鬼针草、豨莶草等，另有一些小蓬草、黄花稔、海芋、野苋、车前草（*Plantago asiatica*）、水茄、飞扬草、土牛膝、少花龙葵、肖梵天花、酢浆草、拟鼠麴草（*Pseudognaphalium affine*）、黄鹌菜（*Youngia japonica*）等。藤本植物有一些薇甘菊、五爪金龙、鸡矢藤、粪箕笃（*Stephania longa*）等。

人工植被主要有南坡小片的防护林——台湾相思林，总面积约 0.3 hm²，另在炮台附近种有少量木棉，近海边娱乐场及房屋周围有少量的高山榕、细叶榕、木棉（*Bombax ceiba*）、蒲葵（*Livistona chinensis*）、佛肚竹（*Bambusa ventricosa*）、红背桂（*Excoecaria cochinchinensis*）、假连翘（*Duranta erecta*）、红花羊蹄甲（*Bauhinia × blakeana*）、印度胶树（*Ficus elastica*）、黄蝉（*Allamanda schottii*）、黄皮（*Clausena lansium*）、棕竹（*Rhapis excelsa*）、番薯（*Ipomoea batatas*）、番木瓜（*Carica papaya*）等。

5）横琴岛

横琴岛是珠海第一大岛，位于珠海市南部，珠江口西侧，东至十字门水道，南濒南海，西临磨刀门水道，北至马骝洲水道，与澳门三岛隔河相望，全岛南北长 8.6 km，东西宽约 7 km，海岛岸线 76 km，总面积 10 646 hm²。横琴岛由大、小横琴两岛组成。大横琴岛山峦起伏，山脉基本上为东西走向，最高山峰鸡脊山海拔 457.7 m；小横琴岛山低坡缓，最高山峰海拔 130 m 左右；位于腹心地带的中心沟东西长 7 km，南北宽 2 km。横琴岛处于北回归线以南，属南亚热带季风气候区，年平均气温 22~23℃；最热月 7 月，平均气温 27.9℃；最冷月 1 月，平均气温 15.1℃；海水温度平均为 22.4℃；年降水量 2 015.9 mm；年淡水量达 3.654×10⁸ m³。

横琴岛植物种类有 896 种。番荔枝科、猪笼草科、钟花科、露兜树科等典型的热带植物在本区的属种均较贫乏。种数最多的类群均为世界性分布的大科，它们有较强的适应能力，如大戟科、叶下珠科、豆科、菊科、莎草科、禾本科。

虽然横琴岛面积小、海拔低，植物分布大体上较为一致，但大、小横琴的海拔不同，植被在各区的分布亦有差异，再加上降水量的空间分布因地貌的差异而呈现从南向北递减的趋势，这种差异也反映到植物的分布上。从科的主要分布类型看，热带分布的科在本区系中占优势，区系中较大的几个科大戟科、叶下珠科、茜草科、桑科等都是热带分布科，此外还有芸香科、山茶科、樟科、海桐花科、番荔枝科、芭蕉科、红树科等，这些科主产于热带。从各科所含属的分布型也可看出，热带型属占多数。因此，横琴岛植物区系具有较强的热带性质。

根据《中国植被》的分类系统，横琴岛应属于"V$_{Ai-2}$ 粤东南滨海丘陵，半常绿季雨林区"。地带性植被为南亚热带常绿阔叶林，但仅星散地分布于村旁（风水林）。现状植被以次生植被类型和海岸植被为主。

由于长期遭受人为破坏，横琴岛地带性植被已经荡然无存，残存的也只是一些次生林，而且大多经过人工营造。目前绝大部分森林植被是以相思和马尾松等为主的人工林（图2.26）。

目前横琴岛很多人工林已经处于半自然状态。主要的人工林有位于山地的台湾相思、大叶相思、马尾松、桉树林或其混交林，木麻黄林主要位于沙质的海滩附近。此外，山地人工林多为横琴岛植被的主要层且多为斑块状分布，林下或人工林带边缘常与本土一些小型乔木、灌木和草本混合生长。在水、湿条件良好的谷地还有片段由白楸、鸭脚木、红鳞蒲桃等组成的乔灌丛林。海滨植物种类较为单纯，由桐花树、秋茄等组成为主。

由于横琴岛受到海风的强烈影响，在大、小横琴

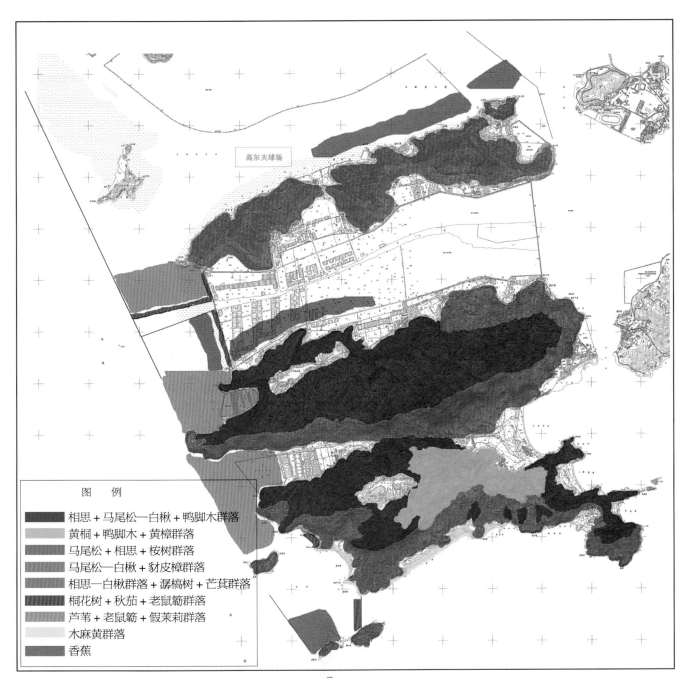

图 2.26 广东省珠海市横琴岛植被图

山的南、北坡植被状况也有所不同，据此，该岛的植被群落可分为以下几类：

①相思＋马尾松—白楸＋鸭脚木群落

该类型群落主要分布在大横琴山脉的北坡和南坡的山谷中，并且为此区域的主要植被类型。由于受到海洋季风的直接物理作用较小，因此，这些区域的环境相对南坡来说比较温和，有利于植被的恢复和生长。乔木层多为斑块状的人工相思林和马尾松林。马尾松林多在近山顶的高度，往下是相思林。由于处在背风面，在某些区域乡土树种生长良好，白楸、鸭脚木等较为常见，而在人工林不能很好生长的间断地带，多为小乔木和灌草丛。主要植物有朴树、潺槁树、笔管榕（Ficus superba var. japonica）、土蜜树、对叶榕、乌桕（Triadica sebifera）、山黄麻（Trema tomentosa）、山乌桕、假苹婆，偶有樟树（Cinnamomum camphora）、亮叶猴耳环、高山榕（Ficus altissima）、细叶榕等。灌木主要有雀梅藤、羊角拗、盐肤木（Rhus chinensis）、黑面神、莿苳、九节、粗叶榕、野漆树（Toxicodendron succedaneum）、白楸等。藤本植物较少，主要有鸡矢藤、匙羹藤（Gymnema sylvestre）、海金沙。草本植物以蕨类为主，如芒萁（Dicranopteris pedata）、扇叶铁线蕨、团叶鳞始蕨（Lindsaea orbiculata）、华南毛蕨（Cyclosorus parasiticus）、薄叶碎米蕨（Cheilosoria tenuifolia）、乌毛蕨（Blechnum orientale）等。

②相思—白楸＋潺槁树＋芒萁群落

该类型群落主要分布在大横琴山近海一侧山地的南坡。较高的海拔挡住了海风长期的侵袭，大横琴山地南坡中的土层流失较多，因此，在南坡很少有大的乔木，裸露的山地呈斑块状分布，而植物大多为一些灌丛。较大的乔木主要为人工林相思林，主要有台湾相思和大叶相思，它们生长在山坡水土条件较为良好的山坳或低海拔的缓坡上，呈斑块状，这里土层相对较好，不易受到季风的直接影响。在水土条件较差的地方，多为一些灌丛，这些灌丛的种类组成十分丰富，最常见的种类有白楸、潺槁树、豺皮樟、油甘子（Phyllanthus emblica）、黄牛木、破布叶（Microcos paniculata）、桃金娘、变叶榕、毛冬青、梅叶冬青、车轮梅、银柴、九节、越南叶下珠、飞龙掌血、假鹰爪组成。灌丛中的藤本也十分丰富，主要有锡叶藤、鸡眼藤（Morinda parvifolia）、玉叶金花、海金沙等。在灌丛中，还常常见到小片的竹林，以托竹为主。草本主要由芒萁（Dicranopteris pedata）、芒（Miscanthus sinensis）、大白茅、岗松、山芝麻（Helicteres angustifolia）组成。

③马尾松＋相思＋桉树群落

该类型群落主要分布在小横琴山的北坡，由于此区域受到季风的影响相对较小，因此，较适宜种植人工林。从山顶往山脚的人工林依次为马尾松、桉树、相思。桉树多为大叶桉、柠檬桉和细叶桉（Eucalyptus tereticornis），而相思类植物多为台湾相思、大叶相思，有时还有马占相思（Acacia mangium）。由于此区域人类活动较为频繁，林缘杂草较多，主要的外来入侵植物有鬼针草和薇甘菊等。

④马尾松—白楸＋豺皮樟群落

该类型群落主要分布在小横琴的南坡。相对于大横琴直接受到季风的强烈影响外，由于海拔较低并且又位于大横琴的北边，小横琴山的北坡受到季风的影响相对较小，这使得在部分区域为本土植物的生长提供了机会。因此，除了以马尾松为代表的成片人工林外，在一些马尾松不适宜生长的地方，乡土植物发育相对较好。

由于受到东南季风的强烈影响，木本植物仅生长在土层稍厚的背风处、山谷或低海拔的地方。白楸、豺皮樟植物群落呈明显的斑块状分布，而马尾松为群落的主要层，生长在群落的边缘。草本植物多为芒萁和一些禾本科植物，如知风草（Eragrostis ferruginea）、毛秆野古草、青香茅（Cymbopogon mekongensis）等。藤本植物多为无根藤、鸡矢藤等。

⑤黄桐＋鸭脚木＋黄樟群落

该类型群落主要分布在大横琴山北坡的东北侧近旧村一带。由于受到村民较多的保护以及相对山体地势环绕，此区域的植被并没有太多的人工林种植，主要建群种有黄桐、鸭脚木、黄樟等。林下植被层丰富，藤本植物较多，形成较为典型的亚热带常绿阔叶林景观。

此类型的植物群落可以说是横琴岛上最好的天然次生林植被，保存相对完好，具有较明显的热带性质，主要分布在旧村南部和西南部的山坡上。主要乔木树种除有黄桐、鸭脚木、黄樟等外，还有白车、密花树、降真香、簕党、假苹婆；灌木层有豺皮樟、银柴、余甘子、九节、毛冬青、米碎花、浙江润楠、白楸、鸦胆子、山苍子、野牡丹、红背山麻杆，草本层有乌毛蕨、芒草。藤本植物主要有白花酸藤子、无根藤等。棕榈科的华南省藤分布较多。林缘的相思、桉树等树种也常见。

⑥桐花树＋秋茄＋老鼠簕群落

横琴岛上红树林植物主要分布在 3 个地方：第一个地方是在磨刀溪沿环岛西路堤岸西侧和磨刀溪与中心沟交汇处，这里的红树林植物以桐花树和老鼠簕为主，但由于附近湿地正在被填埋，此处的红树林正面临着严重的干扰。第二个地方是在大横琴岛西南面斜山咀和赤沙上角形成的海湾中，这里的木本红树林植物以桐花树和秋茄为主，高约 2.5 m，生长十分茂盛。此外，还间有芦苇、卤蕨生长在其中。第三个生长大面积红树林的区域是从横琴岛到石栏洲的沙丘古遗址通道的西边。这里生长的木本红树林植物也是以桐花树为主，草本以芦苇为主，间有卤蕨生长。由于近年来上述各处进行大规模的填海造地工程，横琴的红树林生态系统已经遭到毁灭性的破坏。

⑦芦苇＋老鼠簕＋假茉莉群落

该类型群落主要分布在横琴岛西岸中心沟河道出口的大片区域，为典型的湿地生态系统。此群落主要

分布在横琴岛的西南，自北向南基本上呈连续分布。主要植物为生长在河岸或塘边，近水缘多以芦苇，夹杂老鼠簕，岸上多为假茉莉。群落中的草本植物主要为禾本科的杂草，如红毛草（*Melinis repens*）、雀稗（*Paspalum thunbergii*）、灯心草（*Juncus effusus*）等，以及菊科植物，有金腰箭（*Synedrella nodiflora*）、薇甘菊、鬼针草。蕨类植物有卤蕨。偶有桐花树植物生长。

⑧木麻黄群落

该类型群落主要分布在南部沙质的海岸带边，林下多为鬣刺、厚藤、雀稗、马缨丹、仙人掌、飞机草（*Chromolaena odorata*）、阔苞菊、狼尾草（*Pennisetum alopecuroides*）等沙滩常见植物。

由于地理位置相近，横琴岛植被群落与邻近的澳门相比，两者大体上相近。同样由于人为的因素，小片次生的南亚热带常绿阔叶林仅存于远离开发地带村落的山坡上，并且，这些群落的组成种类较为简单。除了以相思树和马尾松组成的人工林外，林缘的灌丛群落、湿地植被、滨海植被的主要组成的植物种类及群落结构等与澳门也基本相同。

2.1.3.3　粤西段

（1）粤西段植被

本段自江门市台山市向南经阳江市、茂名市至湛江市徐闻县的海安。北部地区海岸带为山地丘陵，中南部多为平原。湛江的沿海滩涂土层深厚，有机质含量高，土壤 pH 一般小于 5，优越的自然立地环境，使湛江成为全国最大的红树林生长基地。

1）粤西之东北段

本段包括江门市的台山市和恩平市，以及阳江市的阳东区和阳西县。本段的地形以山地丘陵、海积平原和海岸滩涂为主。上川岛、下川岛和海陵岛为区域内的大岛。气候温和湿润，年平均气温 21.6~23.2℃，年降水量 2 006~2 400 mm。丘陵台地的土壤以赤红壤为主，滨海风沙土在阳西、阳东及上川岛、下川岛有分布，滨海盐土在台山、恩平和阳江形成宽阔的滩涂。

丘陵山地以次生阔叶林或相思树、马尾松和桉树混交林为主，滨海沙地则以木麻黄和一些固沙植物为主（图 2.27）。

红树林主要生长在台山的广海镇、上川镇、下川镇、赤溪镇、深井镇、北陡镇以及恩平的横陂镇（邓小飞 等，2006）。红树林种类以桐花树、秋茄、海漆、白骨壤数量最多、长势最好、面积最大、分布最广，此外还有木榄、红海榄、假茉莉、海檬果、黄槿、老鼠簕、卤蕨等。

上川岛、下川岛位于热带北缘，在季风气候作用下，植被的组成种类丰富，植被类型多样且富于热带性。植被的地带性类型为热带季雨林型的常绿季雨林，虽然目前已经没有原生的自然林，但在一些沟谷和村边地段尚存有一定面积的次生林分布，如上川岛车旗顶的黄桐（*Endospermum chinense*）林等。林地类型主要有湿地松林、台湾相思林、木麻黄林、马尾松林等人工林和常绿阔叶林、常绿季雨林、灌丛林等天然林

（广东省海岛资源综合调查大队 等，1994a）。

江门市镇海湾、广海湾、崖门沿岸滩涂在 20 世纪 50 年代以前曾生长着约 4 000 hm² 的红树林，由于受 60~70 年代围海造田和 80 年代以来的围海挖虾池鱼塘，以及近些年的填海基建等干扰和毁坏，至 2001 年红树林仅余 520.5 hm²（邓小飞 等，2006）。下川岛的红树林主要生长在大湾滩涂上，面积较小。2010 年的数据统计显示，江门市的红树林面积为 1 155.9 hm²（吴培强 等，2013）。

阳江市海岸线长 341.5 km，岛岸线长 49.3 km。红树林湿地位于阳东区北津港、海陵山湾和丰头港濠山（图 2.28）。植物种类主要有红树植物秋茄、木榄、红海榄、桐花树、白骨壤、海漆、卤蕨和老鼠簕，以及半红树植物海檬果、黄槿、假茉莉和阔苞菊等，以桐花树群落、秋茄群落和白骨壤群落为主（刘就 等，2009）。

海陵岛主要为沙质海岸（图 2.29），人工林主要有

图 2.27　广东省阳江市海陵岛滨海木麻黄防护林及沙地植被状况

图 2.28 广东省阳江市海陵大桥附近红树林群落

图 2.29 广东省阳江市海陵岛沙质海岸

湿地松、桉树林、台湾相思林、马尾松林、木麻黄林等。滨海沙土生长有固沙植物，红树林主要分布于廉
等，天然林有常绿季雨林、红树林、灌丛林等（广东江的英罗港、遂溪的草潭、下六和雷州的海田、企水
省海岛资源综合调查大队 等，1994b）。港等地段。

2）粤西之东段

本段包括茂名市的电白区。年平均气温 22.9~
23.5℃，年降水量 1 400~1 750 mm。此部分为沙质海
岸和淤泥海岸，地势平坦。滨海风沙土分布较广，河
口两岸多为滨海盐土，此外也有少量的水稻土。植被
以桉树林、木麻黄林等为主。港口红树林较多。

电白区海岸线长 189.9 km，有沿海湿地面积达
10 000 hm²，其中适宜种植红树林湿地面积近 4 000 hm²，
主要生长在水东湾，主要种类为秋茄、白骨壤和桐花
树。20 世纪 60 年代，本区红树林约有 1 800 hm²，由
于过量砍伐以及不合理的围垦和鱼虾塘建设，至 1998
年红树林锐减至 600 hm²。2004 年，开始种植海桑、
无瓣海桑、拉关木（Laguncularia racemosa）、白骨壤、
水黄皮、秋茄等，至 2006 年营造红树林 666.7 hm²（黄
学俊 等，2010）。

3）雷州半岛段

雷州半岛地处我国大陆最南端，位于 20°12′~
21°35′N、109°31′~110°55′E 之间，属热带海洋季风气
候，终年受海洋性气候调节，冬无严寒，夏无酷暑。
其中沿海地区大多属热带海洋气候类型，水热条件好
（杨惠宁 等，2004）。雷州半岛包括湛江市的吴川市、
赤坎区、霞山区、坡头区、麻章区、廉江市、遂溪县、
雷州市和徐闻县。年平均气温 22.5~24℃，热量比粤
东和大陆其他沿海高，年降水量 1 550~1 803 mm。海
岸带范围内多为平原和台地，海岸基本上为沙质和淤
泥质，地势平坦，鉴江和南渡河形成辽阔的冲积平原，
形成大面积的滨海沙地。由于受到西南干热季风的影
响，年蒸发量大于年降水量，往往造成春秋旱情。土
壤在沿海以滨海盐土为主，铁质砖红壤分布在湛江湖
光岩和雷州以南区域，廉江和遂溪沿海为黄色砖红壤
和冲积土。植被主要为桉树林、木麻黄林、湿地松林

（2）湛江红树林植被

湛江沿海潮间带面积为 91 300 hm²，是我国主要的红
树林分布区域之一（雷州半岛红树林综合管理和沿海保
护项目管理办公室 等，2006）。目前，这些红树林均已被
划入 1997 年成立的广东湛江红树林国家级自然保护区。
保护区位于 21°9′19″~21°34′15″N、109°44′9″~109°56′10″E
范围内，总面积 20 278.8 hm²，其中天然红树林面积约
9 000 hm²，约占全国红树林总面积的 33%、广东省
红树林总面积的 79%，是我国大陆沿海红树林面积
最大的自然保护区。湛江红树林保护区并不是一个单
独的保护区域，而是由散布在广东省西南部雷州半岛
1 556 km 海岸线上 72 个保护小区组成，这些保护小
区由红树林群落、滩涂以及相关的潮间带栖息地组成
（图 2.30）。

保护区的主要保护对象为热带红树林湿地生态系
统及其生物多样性，包括红树林资源、邻近滩涂、水
面和栖息于林内的野生动物。保护区已 2002 年 1 月被
列入《拉姆萨公约》国际重要湿地名录，成为我国生
物多样性保护的关键性地区和国际湿地生态系统就地
保护的重要基地。湛江红树林保护区自然资源十分丰
富，有真红树和半红树植物 15 科 24 种，主要的伴生
植物 14 科 21 种，是我国大陆海岸红树林种类最多的
地区（图 2.31）。

本区域主要的天然红树林植物群落有：主要分布
于廉江市高桥镇红寨管理区的木榄群落（图 2.32），主
要分布于遂溪的杨柑港和廉江市高桥镇的红寨管理区
的桐花树群落，主要分布在南渡河北岸和高桥镇的英
罗港的秋茄群落，主要分布于湛江、雷州、徐闻、廉
江等地的白骨壤群落（图 2.33），主要分布于廉江市
高桥英罗港湾内和雷州市的海田的红海榄群落，主要
分布于遂溪、廉江高桥、雷州市海康港和南渡河等地

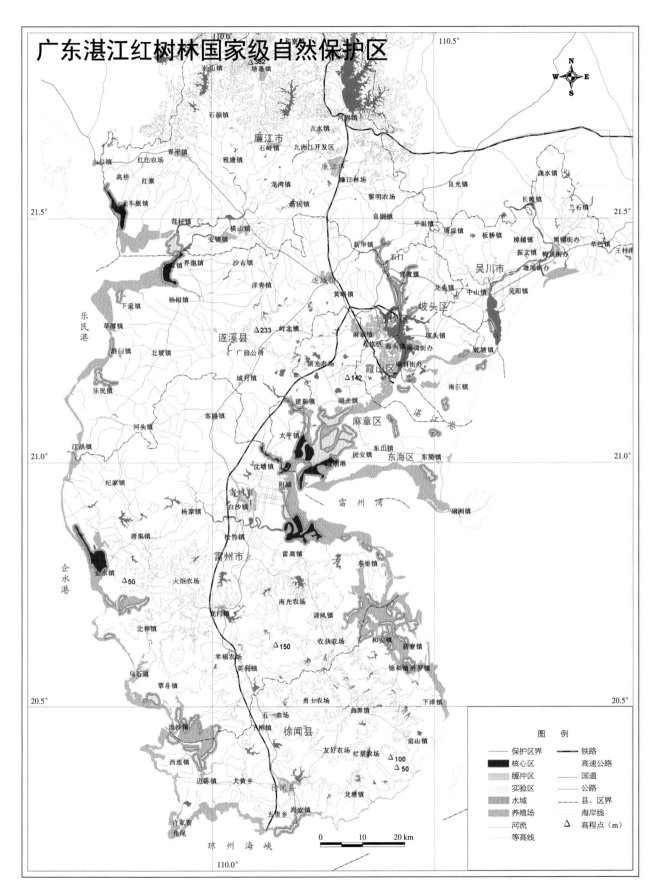

图 2.30 广东湛江红树林国家级自然保护区位置及资源分布（改自 www.zjhsl.org）

图2.31 广东省湛江市高桥红树林自然保护区红树林植物群落

图2.32 广东省湛江市高桥红树林保护区木榄群落

的"桐花树 + 秋茄 + 老鼠簕群落"，以及主要分布于徐闻县和雷州的"白骨壤 + 桐花树群落"等（林子腾，2005）。此外，在雷州的附城、廉江的高桥、徐闻县的一些海滩上也种植了大量的无瓣海桑人工林（图2.34）。

本区域海岛的植被类型有桉树林、湿地松林、台湾相思林、木麻黄林、常绿季雨林、红树林。由于人为活动的干扰，自然植被保存较少，人工植被类型多，面积大（广东省海岛资源综合调查大队 等，1994c）。

（3）湛江东海岛植被概况

东海岛位于湛江市的东南部，位于 20°55′~21°05′N、110°11′~110°31′E 之间，总面积 405.75 km²，海岸线长 139.66 km，面积仅次于台湾岛（36 000.45 km²）、海南岛（33 907 km²）、崇明岛（1 110.58 km²）和舟山岛（476.16 km²），是我国第五大岛。东海岛为热带海洋性季风气候，高温多雨，夏长冬暖，全年基本无霜期，平均气温最高 8 月，为 29.1℃，最低 2 月，为 17.1℃，年降水量 1 500~1 700 mm。东海岛属岛屿低平原，地势平坦，有大片的玄武岩台地。

东海岛东岸岸线平直，发育了宽 2 km、高程 18~31 m 的大型海岸风成沙地（沙坝）和海滩；西岸淤积作用较强，潮滩广布，局部残存红树林，部分已围垦成养殖场或盐田。通过对自 1980 年至 2006 年 20 多年间东海岛土地利用变化的分析表明，东海岛的农业耕地、防护林地和红树林滩涂不断被用于种植香蕉、荔枝、菠萝等以及居民区、工厂、道路、水库、养殖塘池等设施的建设（李晓敏，2008）。

东海岛属热带和亚热带常绿季雨林地区，植被类型以常绿阔叶林为主。东海岛属有居民海岛，岛上有民安、东山、东简三个镇，人口 20.2 万人。由于原生地带性植被已不复存在，绝大部分地区已经被经济林、农田取代。人工林防护林带以大叶桉、细叶桉、尾叶桉和木麻黄等为主，约 88.9 km²，主要分布在东侧。粮食作物主要有水稻（Oryza sativa）、玉米（Zea mays）、大豆（Glycine max）、番薯等；经济作物有甘

图 2.33　广东省徐闻县锦和镇红树林植物白骨壤群落

图 2.34　广东省湛江市徐闻县锦和镇无瓣海桑人工林

蔗（Saccharum officinarum）、花生（Arachis hypogaea）等，盛产龙眼、荔枝等数十种热带、亚热带水果。以禾本科和菊科植物为主的杂草或外来入侵植物为主分布面积较广。

东海岛红星水库以及通明湾区域，尚有原生的红树林植物。红树林植物以白骨壤群落为主。白骨壤生于高潮线以内，在群落片段的外缘有一部分生于低潮位之下，经常浸在海水里，整个群落片段在涨潮时都被淹没在海水里。本群落植物一般高度仅 1.2 m 左右，最高可达 2.5 m，基径 2~10 cm，郁闭度约为 0.6。本群落在作为一个单优种群落时，生势极旺盛，在混合优势的群落中时，则多衰退或仅生于前缘，起着先锋树种的作用。此处的白骨壤群落面积约为 10 hm²，近堤岸处多为半红树林植物，如灌木植物假茉莉，藤本

植物厚藤，草本植物阔苞菊、狗牙根、海马齿（*Sesuvium portulacastrum*）、沟叶结缕草（*Zoysia matrella*）、盐地鼠尾粟（*Sporobolus virginicus*）等。

2.2　海南海岸带植被

2.2.1　海南岛海岸带的植被

目前，海岸带是海南省建设用地分布最密集的地带，其建设用地平均密度约为全省的 4.5 倍，海岸带土地利用的无序化以及人为垦殖已引起部分地段的生态环境明显退化。此外，从沿海市县土地利用现状来看，文昌市和万宁市海岸带沙地面积总和达 2 241.75 hm²，占全省海岸带沙地总面积的 95.73%，占全省沙地总面积的 67.82%（邱彭华 等，2012），文昌市是海南土地荒漠化面积最大的地区（杨克红 等，2010）。

海南岛海岸带生态系统丰富多样，有天然林、红树林、珊瑚礁、河口、潟湖、农田、湿地等生态类型，这些生态系统不仅具有重要的生态价值，而且是海南省生态系统的核心和重要组成部分之一。在海南岛西海岸的滨海沙地上，以矮小的草本和匍匐状的藤本植物为主的草本沙生植被较为常见，主要种类有厚藤、海刀豆、单叶蔓荆、海马齿、卤地菊等，星散分布于滨海前缘沙堤的流沙土或半流沙土上。灌木沙生植被主要为常绿刺灌丛，分布于沙堤以内和村镇旁的半固沙的地方，以仙人掌、假茉莉、单叶蔓荆、刺果苏木（*Caesalpinia bonduc*）、露兜树、酒饼簕、鸦胆子、阔苞菊等为主。多数群落由共建种构建，优势种不明显，并且多数群落分布规模小，常以灌丛、刺灌丛或草甸状草丛及分布非地带性为主要特征（单家林，2009）。

海岸带人工林以木麻黄林、椰子树林和桉树林等为主。海南省林业局 2000 年的统计数据显示，海岸带人工防护林总面积为 621.72 km²，约占海岸带总面积的 7.1%。2000 年海南岛海岸防护林面积比 1995 年减少了 8%，其中灌木林地降幅达 13%，有林地下降 11%，疏林地下降 8%。

海南是我国红树林种属最多的地区，有红树林植物 134 种，包括真红树 32 种、半红树 30 种和 72 个伴生种。种类主要为禾本科、红树科、唇形科、大戟科、豆科和千屈菜科等，建群种或优势种主要为红树科和千屈菜科植物。真红树植物红海榄、红树（*Rhizophora apiculata*）、海莲（*Bruguiera sexangula*）、角果木（*Ceriops tagal*）、海漆、桐花树、白骨壤、杯萼海桑（*Sonneratia alba*）、老鼠簕往往形成较大面积的纯林或灌丛，其他种如银叶树、木果楝（*Xylocarpus granatum*）、水椰（*Nypa fruticans*）、榄李（*Lumnitzera racemosa*）、卤蕨在有些地方也往往成为单优种或群落建群种。半红树种如假茉莉、黄槿、阔苞菊、水黄皮、海檬果等在岸边或沙地成为防风护堤的单优群落（单家林 等，2005）。

据海南省林业局 2000 年的统计数据，海南省红树林总面积达 4 300 hm²，约占全国红树林面积的 50%，主要分布在东寨港和清澜港自然保护区，儋州的新英，临高的新盈湾、红牌港和马袅港，澄迈的花场湾，以及三亚的青梅港等港湾。但是由于不合理的开发利用、围海造田、掘塘养殖、滥伐乱砍等，海南红树林生态系统正遭到严重破坏。有关数据表明，自 20 世纪 80 年代中叶至 21 世纪初，海南岛沿海地区约 20 hm² 的红树林被转变为人工虾池，仅 1995—2000 年虾池面积就增加约 400%。海南虽有全国最大面积的红树林，但实际上这些红树林已经或正在变成片段生长的灌丛，残存广阔的红树林宜林地滩涂，甚至有些地方的真红树植物，如海漆已远离高潮线登陆而生，同时大量耐盐的多年生草本植物进入红树林或林缘而沦为伴生种（单家林 等，2005）。

总之，海南省海岸带陆地自然生态系统大部分目前已趋于被人工生态系统代替，致使海岸带生态系统的生物多样性减少，其涵养水土和生物多样性保护等生态服务功能下降（金羽 等，2008）。

2.2.2 海南大洲岛植被

大洲岛位于海南省万宁市东南部，由"两岛三峰"组成，最高峰海拔289 m，保护区总面积70 km²，位于18°37′06″~18°43′54″N，110°26′50″~110°32′06″E之间，其中陆域面积4.2 km²，海域面积65.8 km²，是海南沿海岛屿中面积最大、海拔最高的海岛（吴钟解 等，2012）。大洲岛独特的地理位置和岩石结构，为金丝燕栖息营巢提供了天然的场所，并成为金丝燕在我国唯一长年栖息的海洋岛屿。1990年9月，国务院正式批准建立大洲岛海洋生态国家级自然保护区，这是我国首批建立的5个海洋类生态国家级自然保护区之一（图2.35、图2.36）。

自保护区建立以来，大洲岛生态恢复良好，岛上具有大片原生植物群落。随着《无居民海岛保护与利用管理规定》的出台，岛上原住居民全部迁出，大大降低了人为破坏和外来物种对岛内植被的威胁。初步调查表明，大洲岛共有维管植物618种，其中包括国家Ⅰ级保护植物海南苏铁（*Cycas hainanensis*）和台湾苏铁（*C. taiwaniana*），国家Ⅱ级保护植物海南龙血树（*Dracaena cambodiana*）、海南大风子（*Hydnocarpus hainanensis*）和毛茶（*Antirhea chinensis*）以及省级保护植物竹节树（*Carallia brachiata*）和猪笼草（*Nepenthes mirabilis*）等（吴天国，2009）。

大洲岛的植被包括分布在岛屿沙滩上，由厚藤、海刀豆和鬣刺等组成的海滩沙生植被；由猪笼草、野牡丹等组成的草地植被；分布于坡地，由海南龙血树、

图2.35 海南省万宁市大洲岛远眺

图 2.36 海南省万宁市大洲岛植被

露兜树、草海桐、黄槿、美叶菜豆树（*Radermachera frondosa*）等组成的灌丛群落；分布在岛屿背风面和山谷中，由鸭脚木、降真香、细叶榕、猴耳环（*Archidendron clypearia*）等组成的矮林等（吴天国，2009）。

2.3 广西北部湾海岸带植被

广西北部湾海岸带地带性植被应为常绿季雨林，但其已遭受破坏殆尽，仅残存一些小片的村边风水林。海岸带植被相对较好的是防城港大王江一带的常绿季雨林，群落组成以壳斗科植物为主，主要有红锥（*Castanopsis hystrix*）、米槠（*C. carlesii*）、黧蒴等。

人工林以桉树、松树、木麻黄和相思为主，在广西海岸带分布最广、面积最大。其中，桉树林的种植面积最大，从合浦山口一直分布到东兴的各丘陵山、台地和部分平原；松树林主要由马尾松、湿地松、南亚松等构成，多种植于合浦、钦州、防城和江平一带的丘陵和台地；木麻黄林和相思林是海岸带的防护林，在广西海岸带皆有种植，群落面积最大的分布于东兴市。

红树林是广西海岸带重要的植被，主要分布于英罗港、丹兜海、铁山港、廉州湾、大风江口、茅尾海、防城港、北仑河口，主要由红树、半红树植物和伴生种构成，主要建群种有白骨壤、桐花树、秋茄、红海榄、木榄、海漆、老鼠簕和银叶树等（谢彦军，2012）。但是由于受到养殖、围填海、挖沙以及互花米草入侵等影响，广西红树林面积从 2008 年的 8 374.9 hm² 缩减到 2013 年的 7 327.86 hm²。同时，由于人工林的增加，广西沿岸红树林林貌和结构变得简单化，生态系统服务功能下降，林下生物多样性下降。另外，由于外来入侵植物互花米草在北海铁山港、廉州湾等地已蔓延面积达 400 hm²，局部近海生物栖息环境受到破坏，表现为虾蟹等滩涂生物产量不断下降，红树林局部消失，泥沙淤积逐年加快（陈兰 等，2016）。

2.4　福建东山岛植被

福建东山岛植被属于闽粤沿海丘陵平原亚热带雨林区闽南博平岭东南湿热带雨林小区。由于东山岛植被长期受环境因子如气候、土壤以及植物本身分化、演替和人类活动的影响，地带性的原生植被已不复存在，现状植被多为人工次生林，群落类型少，种类组成单一。岛内常绿针叶林主要有杉木林、湿地松林、马尾松林等，并常与木麻黄、樟树、苦楝、朴树等乔木种类混生。林下灌木层有黑面神、栀子、山芝麻、桃金娘、车桑子、车轮梅、鸦胆子、梅叶冬青、牡荆等。常绿阔叶林主要为人工木麻黄林、相思树林、桉树林和小部分菥蓂林等。灌草丛主要分布在低丘陵山坡上，主要种类为细毛鸭嘴草、毛秆野古草等。

亚热带滨海沙生植被的植物种类组成简单，呈丛状或块状分布，包括以鬣刺为主的沙生草本植被和以盐生和蔓性灌木为主的沙生灌木植被，如仙人掌和露兜树等（连玉武 等，1998）。

2.5　香港植被

香港目前共有维管植物 3 329 种及变种（香港植物标本室，2012）。由于长期受到人类活动的影响，香港地带性植被——南亚热带常绿阔叶林的原生植被早已不复存在，目前幸存的次生林是二战后经过半个多世纪的恢复而发展起来的，山地次生林仅生存于陡峭的

山谷及山顶地带（庄雪影 等，1997）。香港植物区系属南亚热带性质的区系，具有从热带至亚热带过渡的特点（邢福武 等，1999）。香港面积不大，多为岛屿，在地理位置上又位于珠江三角洲的东侧，面临南海，受海洋环境影响较大，因此，香港植被状况不仅可以反映香港海岸带的植被状况，还可以作为华南中部沿海海岸带植被状况的代表。本书对香港植被的介绍主要参考了张宏达（1989）的研究结果。

香港植被主要包括了针叶林、阔叶林、竹林、灌丛和草地 5 种类型。在针叶林中，常见的大面积针叶林主要是人工马尾松林和湿地松林，部分地区偶见油杉（Keteleeria fortunei）、杉木或加勒比松（Pinus caribaea）。值得注意的是，香港的南亚热带常绿针叶林和南亚热带针阔混交林不是南亚热带的原生性植被类型，而是人为活动和干扰下，原生地带性植被被破坏后而形成的次生性植被，并且尚处于演替系列的类群。这类植被类型主要包括马尾松群系、湿地松群系、马尾松 + 枫香（Liquidambar formosana）群系、马尾松 + 黧蒴群系、马尾松 + 假苹婆 + 鸭脚木群系等。

香港地区的阔叶林可分为常绿阔叶与落叶混交林、常绿阔叶林和红树林。常绿阔叶与落叶混交林是南亚热带常绿阔叶林被破坏后发展形成的次生性植被，根据优势种或建群种可分为枫香、朴树、山乌桕和重阳木（Bischofia polycarpa）等 4 个群系。

香港的南亚热带常绿阔叶林可分为 4 类，即：分布于沟谷河溪两旁和低洼地，以水翁（Syzygium nervosum）群系为主的南亚热带河岸常绿阔叶林；分布于海拔 400 m 以下，以细叶榕（Ficus microcarpa）、黄桐、白车、土沉香和假苹婆等群系为主的南亚热带低地常绿阔叶林；分布于海拔 300~800 m，以红楠（Machilus thunbergii）、红楠 + 鸭脚木、红楠 + 广东润楠（Machilus kwangtungensis）、黄樟、羊舌树（Symplocos glauca）、木荷（Schima superba）、罗浮锥（Castanopsis fabri）、鹿角锥（Castanopsis lamontii）、小叶青冈、

竹叶青冈（*Cyclobalanopsis neglecta*）、鳗蕈、红胶木（*Lophostemon confertus*）、台湾相思、白千层（*Melaleuca cajuputi* subsp. *cumingiana*）、木麻黄、红苞木（*Rhodoleia championii*）等群系为主的南亚热带低山常绿阔叶林；分布于海拔700~1 000 m山地的南亚热带山地、以五列木（*Pentaphylax euryoides*）、罗浮柿、厚皮香、大头茶、落瓣短柱茶（*Camellia kissii*）等群系为主的常绿阔叶林林等。

香港沿海过去红树林分布较多，但由于经济开发和环境变迁等因素，面积逐渐减少。较大面积的红树林分布于深圳湾的米埔、大埔海的汀角、西贡的大网仔、沙头海的荔枝窝以及大屿山岛的贝澳、大澳、水口村（图2.37）和东涌等沿海滩涂地段（图2.38）。

香港米埔的红树林面积最大，为香港地区海岸带红树林重要的分布区。香港地区海岸带红树林的种类组成与大陆沿海地区的基本相似，均属于东方红树林类群。据统计有13科、16属和16种，主要有桐花树、秋茄、白骨壤、木榄、银叶树、老鼠簕、海漆、黄槿、杨叶肖槿（*Thespesia populnea*）和海檬果等，并组成各种红树林、半红树林和南亚热带海岸林等植被类型，如海岸林中包括海檬果、黄槿、杨叶肖槿等群丛（张宏达，1989；陈树培，1997）。此外，部分海岸带海滩上还生长着以单叶蔓荆为主的沙生植被（图2.39）。

此外，香港地区的竹类植物较为丰富，主要为分布于海拔300 m以下且以托竹、篌竹（*Phyllostachys nidularia*）等为主的南亚热带低地竹林，以及分布于海拔300~900 m的山地、以粽巴箬竹（*Indocalamus herklotsii*）和箬叶竹（*Indocalamus longiauritus*）为主的南亚热带山地竹灌丛。

香港地区还分布着由大头茶、细齿枸、降真香等

图2.37 香港大屿山水口村海湾的红树林群落

图 2.38 香港大屿山东涌河口红树林群落

图 2.39 香港大屿山贝澳村单叶蔓荆 + 厚藤植物群落

为优势种的南亚热带常绿灌丛；以桃金娘、岗松、毛秆野古草、青香茅、鳞籽莎（*Lepidosperma chinense*）、芒萁等南亚热带灌丛草地；分布广泛，面积较大，以芒、五节芒、类芦、芦苇、毛秆野古草、青香茅、大白茅、铺地黍、红毛草、水蔗草等众多类群组成的南亚热带禾草草地；以猪笼草、芒萁等组成的南亚热带非禾草草地（张宏达，1989）。

Chapter III Restoration Strategy of Coastal Zone Vegetation
第三章　海岸带植被的恢复策略

3.1　海岛和海岸带植被恢复现状

生态恢复指通过人工的方法，按照自然规律，将受损生态系统恢复到天然生态系统的过程。也就是说，人类把一个地区需要的基本植物和动物放到一起，在人为提供的基本条件下，通过其本身的自然演替，使这个生态系统恢复到自然状态。生态恢复的目标是创造良好的条件，促进群落发展成为由当地物种组成的完整生态系统，为当地的各种动物提供相应的栖息环境。

恢复生态学是自20世纪80年代以来发展起来的现代生态学分支，其理论已被广泛用于生态系统的恢复与重建、环境治理与可持续发展等方面的研究，目前退化生态系统的恢复和重建已成为现代生态学研究最引人注目的趋势之一。

根据2014年2月公布的第八次全国森林资源清查结果，我国森林面积为$2.08×10^8hm^2$，森林覆盖率为21.63%，其中人工林面积为$0.69×10^8hm^2$，占森林总面积的33.17%。较高的森林覆盖率固然在其固碳释氧、涵养水源、保育土壤、净化大气、积累营养物质和保护生物多样性等方面表现出了强大的生态服务功能，但这并不是衡量生态恢复成效的唯一指标，而生态系统完整性、生物多样性保护和经济的可持续能力等在生态恢复过程中显得更重要。

在海岛和海岸带区域，天然林或次生林也同样在保持水土、调节气候、防控灾害、消除污染等以及保持生物多样性和社会可持续发展方面发挥了重要的作用，但在海岛和海岸带区域的造林和植被恢复方面，尚存在许多不足之处和明显误区。主要表现在以下方面：

（1）人工海岸防护林或海岸带山地人工林的种类和结构单一，忽略了健康生态系统所要求的异质性

生态系统的异质性包括物种组成异质性、空间结构异质性、年龄结构异质性以及资源利用异质性等。这些异质性为生态系统内多种动植物的生长和繁衍提供了基础保证，也有利于生物多样性水平的提高。目前，华南地区海岸人工林大部分是相思、桉树或木麻黄林纯林或混交林，这些人工林群落植物种类较少，空间层次结构简单，年龄结构基本相同，资源利用程度较低；并且，人工林也表现出灌木层和地表植被缺乏，土壤保水保肥能力弱，林内营养循环和能量流动阻碍大，抗病虫害的生态稳定性差，群落演替和更新潜力不足等现象。

（2）人工林树种大量使用外来植物，影响着我国生态安全

地带性植被是多年植物与气候等生境相互作用而形成的，生态系统中的物种在自然界中经过长期竞争、排斥、适应和互利互助，才形成了现在相互依赖又互相制约的密切关系。能够成为外来入侵种的植物，通常具有较强的抗逆性和繁殖力，易于传播和扩散的特点。一个外来物种引入后，有可能因新的环境中没有相抗衡或制约它的生物，使这个引进种成为真正的入侵者，改变或破坏了当地的生态环境（李子海，2008）。在恢复重建生态系统过程中大量使用外来植物种类，对于资源紧缺的中国来说是一种浪费，因为它们在占领空间、消耗资源之后，却没有给我们带来应有的生态功能；而且，外来物种正威胁着我国原生的生物多样性资源，并引起生态景观和其中物种组成的改变，甚至影响了我国生态系统的安全（鲁先文 等，2004）。

当然，在目前大规模植被恢复时，抛弃在海岸带人工林中已引种多年并且在当地一直表现良好的外来树种而不加思索地种植本地乡土树种，也是非常不负责任的。在大多数情况下，植被恢复地大多处于生态系统植物群落负演替的不同阶段，一些地方可能刚出现先锋物种，一些地方可能已进入先锋物种的鼎盛期，一些地方可能处于过渡期，而另一些地方则可能处于某一演替期。当处于某一演替初期时，选用现有的乡

土物种是可行的，但当处于某群落演替阶段的鼎盛期或过渡期时，选用原来的物种则只有被替代的可能，种植乡土物种已没有意义（李子海，2008）。

（3）忽视了生态系统内物种间的生态交互作用

生态系统内各物种之间存在着紧密的交互作用关系，如大多数植物为林内的动物和微生物等提供了栖息地和食物源，但植物花粉的有效传播、种子的萌发扩散、植株的健康生长等也都紧紧依赖着当地昆虫、鸟类或哺乳类等媒介动物，土壤动物和微生物也在为枯枝落叶的分解和改善土壤结构提供了回报。因此，物种间存在的种种交互作用关系维持并保障了整个生态系统的健康发展。所以，在进行植被恢复时，必须深入考虑植物与当地动物和微生物等之间的相互作用，并在恢复实践中积极采取科学的方法以促进这种交互关系的建立，加强物种间相互依赖的纽带作用。

3.2 退化植被生态恢复技术

面对严重的生态退化，植树造林是唯一良策。虽然近年来政府一直在倡导植树造林，但生态环境恶化的趋势并没有因此而遏制，因此弄清导致生态退化的真正原因和采取应对的方法成为进行生态恢复前要考虑的两个主要问题。近年来我国的生态破坏伴随生态建设的不断加强，开发性破坏已成为造成生态退化的主要因素。

在海岛和海岸带区域天然植被是最好的植被类型，但是一旦被破坏，却很难得到恢复。恢复最好的办法是自然恢复，其优点是可以保护珍稀物种和增加森林的稳定性，投资小，效益高。另一种办法是生态恢复，即通过人工的方法，参照自然规律，创造良好的环境，恢复天然的生态系统，这个过程主要是重新创造、引导或加速自然演化过程。

生态恢复方法又包括物种框架法和最大生物多样

性方法。所谓物种框架法，是指在距离天然林不远的地方，建立一个或一群物种，作为恢复生态系统的基本框架，这些物种通常是植物群落中的演替早期阶段物种或演替中期阶段物种。而最大生物多样性方法是指尽可能地按照该生态系统退化前的物种组成及多样性水平种植进行恢复，需要大量种植演替成熟阶段的物种，忽略先锋物种。无论哪种方法，在这些过程中要对恢复地点进行准备，注意种子采集和种苗培育，种植和抚育，加强利用自然力，控制杂草，加强利用乡土种进行生态恢复的教育和研究（高鹏 等，2007）。

3.2.1 海岛路基边坡和采石场的植被恢复

3.2.1.1 海岛路基边坡和采石场坡面的特点

广东省沿海的岛屿共有 1 431 个，其中面积在 10 km² 以上的岛屿 20 个。虽然这些海岛的地质构造复杂，岩性多样，在大风、暴雨、巨浪等各种外营力的长期作用下形成了多样的海岛地貌类型，但各海岛仍以低山丘陵或侵蚀丘陵为主。由于国民经济迅速发展所需，许多山体环境受到水利、公路、铁路等基础工程建设的影响而受到破坏，道路开挖和采石需要造成了大量的裸露山坡和采石场，常常导致严重的水土流失和生态失衡，影响了山体生态景观，最终影响到社会经济的可持续发展。

海岛公路的很多路段是从风化和半风化的松散母质中开挖出来或用这些母质填埋沟谷而成，由此形成的路基和边坡十分陡峭、破碎、松散，不少边坡的坡度超过 50°，有的甚至垂直。同公路边坡相似，大多数采石场的主坡面往往也是陡峭光滑，无攀附缝隙，很少形成规则的阶梯状的开采面，致使恢复难度极大（图 3.1）。

这些裸露坡面的石头由于长期风吹日晒，风化程度不一，表面结构不稳定，坡面稳定性差，岩体崩塌或碎石滑落现象时有发生，在暴雨冲刷下极易造成水土流失或滑坡崩塌。并且，也由于雨水不能在坡面滞

图 3.1　广东省汕头市南澳岛海岸采石场情况

留，使植物难以生存。因此，当阳光直射时，裸露的岩石表面温度过高，即使有植物种子偶然落到石缝中，也会因高温而难以发芽和生长。

3.2.1.2　海岛路基边坡的生态恢复措施

边坡生态恢复工程基本原理就是基于生态工程学、工程力学、植物学、水力学等学科的基本原理，利用活性植物并结合土工等工程材料，在坡面构建一个具有自生长能力的功能系统，通过生态系统的自支撑、自组织与自我修复等功能来实现边坡的抗冲刷、抗滑动、边坡加固和生态恢复，以达到减少水土流失、维持生态多样性和生态平衡以及美化环境等目的（娄仲连 等，2001）。边坡的植被恢复技术包括了基质及其稳定方法、植物品种的选择和配置、植物栽植技术

等。公路边坡和采石场废弃地的生态重建即是在人的干预下，修复被破坏的环境，使之可以被重新利用。其主要目的是控制水土流失和提供绿化，减少其在视觉上的不协调，使其重新融入周围景观中（杨振意 等，2012）。岩石边坡由于不具备植物生长的基质，并且昼夜温度变化大、缺乏植物生长所必需的水分条件等，因此，自然的生态恢复需要较长的时间，并且，人为生态恢复也非常困难。早期人们对岩石边坡和采石场治理，大多只靠构筑防护物来防护边坡的垮塌，很少考虑植物的作用。后来，人们逐渐开始利用植物与防护构筑物配合，并向以恢复原有生态系统为目标的方向整治。

目前采用的主要恢复技术包括以下内容：

（1）坡面预处理

由于植被在裸露岩石或斜坡上自然定居非常困难，因此，需要在工程前期对坡面进行适当预处理，以稳定坡面，为植物生长创造条件。对于面积大、坡度高、落差在 60 m 以上的坡面，可通过开凿或定向爆破等手段每隔 20 m 的高度建一个 5~8 m 宽的阶梯平台，然后在平台上采用种植固土植物的方法。这种方法的实施需要注意对台阶上所种植物的抚育，否则在后期会因为土层较薄而无法支撑大型乔木的生长。

对于石壁陡立光滑、坡度在 80°以上的壁面，采用在壁面上插入 40 cm×50 cm 预制板槽并在槽内种植攀缘藤本或草本植物的槽板方式。这种方式的缺点是板槽与石壁在一段时间后可能无法保持固定，另因槽内土壤较少和雨水的不断冲刷，无法维持植物后期的生长。

对于岩石不平整、石壁微凹或有破碎裂隙发育的边坡，人工开拓平台或凹口，然后用石在平台外侧砌成植物盆，回填客土并加入保水剂，形成"U"形人造植物盆，然后再栽植灌木、藤本类植物（高丽霞 等，2005），或者利用石壁裂隙的微地形（平台、凹口），直接安置植物袋。

（2）基质改良

失去表土的边坡和采石场废弃地极端的土壤条件和小气候限制了植被恢复，导致采石场废弃地的人工恢复往往需要大量的土壤或替代基质，因此，在植被重建中一般会选用由沙土（或沙壤土、赤红壤）、菜园土、蘑菇肥、糠壳、复合肥、锯木屑、保水剂、水泥和石膏等混合作为土壤基盘材料。

（3）植物种类的选择与配置

人为种植一定量的植物能够改变恢复演替方向，加速向预定阶段演替的过程。在恢复演替的不同阶段添加目标植物，可以克服物种扩散的限制，促进其朝向理想的植被发育。我国目前在边坡恢复中普遍存在着看重工程建设、轻视植物选择，看重草本喷洒、轻视乔灌木植物的应用，看重景观展示度、轻视植物群落生态功能等误区。由于植物配置不合理，在边坡绿化过程中往往会出现"一年绿、二年黄、三年枯"的现象，造成较大的经济损失。此外，由于边坡大多为石质，土壤、温度和水分条件十分恶劣，缺少植物生长所必需的土壤环境，因此，在选择相应的植物种类时，应当了解当地的地带性气候条件和不同植物的生物学特性和适生性，加强植物种类在不同生境条件下配置的科学性，以实现生态恢复的目标。在长期的进化历史过程中，乡土物种适应了当地气候，能够与当地的其他物种形成稳定的群落，并促进演替，所以常被推荐用于废弃地的生态重建。

一般选择那些适应性强，耐干旱，抗高温和强光照，耐瘠薄，易成活，生长快的植物种类，并且一般还要有较强的攀附能力，如有发达的须根、气生根或卷须等，来附生于石壁表面、穿进岩石缝隙和吸收空气中的水分（李根有 等，2002）。目前，在对边坡或采石场复绿或恢复过程中，所栽种的植物以桉树、相思类为主，实际上这种措施并没有达到也很难真正达到生态恢复的目的。目前我国岩石边坡绿化工程存在主要依靠草本植物、忽视灌木和乔木成分的加入，在种类选择上大量采用外来植物、忽视乡土植物的应用，以及对边坡土壤肥力变化、营养和水分循环等方面缺乏研究等问题（刘海生 等，2009）。

在实践中，能够进行固氮的植物，如一些豆科植物，在生长过程中不需要人为进行过多的施肥，并且可以改良土壤条件，促进其他树种的生长，因此常被选为生态恢复的先锋树种。如对于坡度较陡的边坡应选具有较强攀附能力的藤本植物，如异叶地锦（*Parthenocissus dalzielii*）、薜荔（*Ficus pumila*）等（郑建平，2005）。用于恢复的草本植物大多为禾本科植物，这些植物能在短时间内快速生长，并形成优势群落，如竹节草（*Chrysopogon aciculatus*）、狗牙根、黑麦草（*Lolium perenne*）、芒、五节芒等。

植物配置模式对于边坡的水土保持和景观效果有至关重要的作用，并且采用草灌混合种植的模式总体上要优于单一种植，并且能形成立体的、多样的植被结构，对边坡的稳定和美化有更好的效果（郑煜基 等，2007）。目前，由于具有经济、生态、美观等突出优点，以乔、灌、草植物混合配置模式为主体的坡面生态工程正得到广泛的应用。因此，在维护边坡稳定与边坡生态景观恢复过程中，对周边的立地、气候条件、植被、土壤、岩层特性等要进行充分调查，在种类的选择上，应因地制宜，根据坡面土质情况和市场苗源状况来决定植物的配置模式，科学合理地进行植物种类选配和模式配置。大量生态工程实践表明，以灌木为主、以豆科植物为主、以地方乡土植物为主的多种类混合种植模式，是恢复边坡植物群落的关键性技术（陈晓蓉 等，2013）。

（4）植物的种植

对面积较广、坡度不大、土壤条件较好的边坡，一般采用种子喷射技术进行播种，这种方法就是把草籽、肥料和掩护料通过水溶液进行喷洒，其简单、快速，成本较低。有时也采用幼草移植法和铺草皮法。

对于立地条件不好、坡度较大的边坡，可采用人造植物盆技术、植物砌块、植物袋等主要技术（杨海军 等，2004）。植物砌块是目前香港绿化公司在高速公路边坡植被恢复中采用比较多的方法。采用抗拉强度高的尼龙等高分子材料或铁丝喷塑网编织成格室，将 50 cm×50 cm 的植物砌块直接铺设在坡面上。植物袋要具有较高强度和抗老化性能，袋内装填营养土、保水剂和草种。安放时将植物袋底贴紧破碎或裂隙发育处，并且栽植爬藤 2~3 株，根据边坡微地形条件恰当配置。

在坡度不大于 55°的边坡上种植乔木和灌木，一般选择 1~2 年生幼苗。先在边坡上挖好树坑，栽种前用挖开的土拌以 50~100 g 的化肥，混合泥炭苔藓、树叶堆肥或其他有机物回填，以有利于植物的成长（阴

可 等，2003）。

对边坡进行成功生态恢复的关键是栽种的时间、坡度、位置以及边坡岩土的组成等因素。因此，绿化种植行动应在春夏期间的几个连续雨天后进行，一般在 3—6 月进行。

这些传统方法的核心就是人为地为植物生长创造条件，然后再把合适的植物栽植上去，以实现生态恢复的目标，但是这种方法耗费较大，并且施工过程中存在很大的不安全因素。喷播覆盖技术是将土壤、肥料、有机质、保水材料、植物种子、水泥等混合干料加水后用特制喷混机械喷射到岩石坡度不大于 55°的坡面上，由于混合材料的特性，其在坡面上形成一个既能保持坡面结构稳定的坚硬层，又能满足植物正常生长所需的种植基质的多孔稳定结构。其缺点是由于土层较薄，不容易形成乔、灌、草共生的立体生态系统。

此外，还要注意植物在不同坡面高度的种植。由于植物本身的特性，不同高度的边坡和壁面应在不同高度配置不同的植物。对于 10 m 以下的低坡，由于大多数植物可较快覆盖完全，因此，在边坡坡底种植即可。对于高度在 10~20 m 的边坡，一般采用在坡顶和坡底种植植物的方法，坡顶的植物往下垂生而坡底的植物往上攀升，以尽快实现边坡的绿化和恢复。对于高度在 20 m 以上的边坡，由于大多数植物通常难以攀缘，因此一般采用台阶方法进行坡面施工，然后在每一台阶种植向上或向下生长的植物。

3.2.2 海岸或海岛相思树和桉树群落的改造

3.2.2.1 改造原则

在林相改造工程中，应充分运用景观生态学的基本原理，对林相总体结构的生物多样性及异质性、景观功能及动态、生态环境的保护与持续发展等方面加以完善。在改造过程中，以合理利用为主，适当改造为辅，尊重自然，在满足造景需要的同时，不破坏现

有植物群落的完整性，尤其是中低层及地被层植物群落。对相思林、马尾松林和桉树林，可视景点和景观需要，将部分形态差、病虫害严重的砍除后补植其他乡土树种，不宜大面积砍伐后换种。改造技术措施要有利于环境保护，选择带状渐伐或群状渐伐。在树种选择上，要保证优势树种的比例，慎重选择植物物种，重点加强抚育工作，同时强调森林与景观两个目标。林相改造要结合植物的形态特征和生长习性，考虑其形态、气味、季相、色彩、风格、物种竞争及相生相克等特性，以及植物与鸟类栖息活动等生态关系，选种相应的植物种类，建立科学合理的乔木、灌木、地被、草植物群落，乔木、地被植物群落，水生植物群落，湿生植物群落等复合人工植物群落，保护生物多样性，形成景观异质性。

林相改造应根据植物的生态学和生物学特性，以乡土植物为主，速生与慢生、阴性与阳性、常绿与落叶相结合，适地适树与适景适树选配种类，营造自然景观和人文景观，并尽力使森林公园区形成空气湿度大、层次结构合理、抗火抗虫害能力强的森林基质。植物群落的改造应根据现有植物群落特点，坚持"生态优先，兼顾景观，强调群落的整体性而不是单一注重色彩"的原则，采用块状皆伐群植、层间择伐补植、丛林疏伐套种、林中间种、补植地被等方法加以改造，做到择优留用，去劣植优，切忌不考虑植物群落特点和因地因景制宜乱伐。如花岗岩石蛋区进行林相改造树种选择时，必须保证树木成型后不会遮盖住"花岗岩石蛋"这一极具观赏价值的自然地理景观风貌。

此外，海岸带植被恢复的好坏往往受制于其特殊的生态环境，如土壤含盐量高、海风大、台风多等，因此，在植被恢复和营林造林过程中还要特别注意立地基本特性，选择相应的恢复措施和造林树种，以保证海岛植被恢复的成功。如广东省的海岛可分为潮滩（泥质）、海滩（沙质）、滨海平地、台地或阶地、丘陵和低山6个立地类型组，并根据小地形和土壤状况

等划分出 17 个立地类型，每个立地类型应采取不同的植被恢复措施（曹洪麟 等，1997）。

3.2.2.2 造林措施

（1）混交方式

为方便操作和造林后林分更接近自然林，混交方式采用随机混交，同一树种相邻尽量不要超过 3 株，使混交相对均匀。

（2）植穴布置

植穴布置是关系到所改造的林分更富自然感的重要工作环节，除特别安排外，植穴布置时要避免横直成行成排的观念，株行距只是作为单位面积应达到设计数量的控制手段，在实际操作时可允许有 0.5~1 m 的误差，采取疏密互补的方法，确保单位面积造林密度达到设计要求。遇到岩石裸露地方，可在其周围适当加密。

（3）林地清理

林地清理的原则是在满足种植条件的前提下，为保护环境和防止水土流失，尽可能减少整地措施对原有森林植被造成的破坏。以山坡的等高线为准，采用环山带状疏伐方式，彻底清除对林木生长有危害的藤本植物，注意保留乡土树种幼树；其他林地均采用块状清理，规格以植穴为中心把 1.5 m × 1.5 m 范围内的灌木、杂草铲除，并清理出块内，让其自然腐烂，有利于水源的涵养和增加土壤有机质，提高土壤的保肥能力。林地清理宜在冬季进行。

在清理林地时，石头地和土层薄（厚度小于 20 cm）的地段，一般不进行林地清理和砍伐树木。乡土树种（如潺槁树、朴树、土蜜树等）均予以保留，不砍伐。相邻种植带之间设立保留带，保留带上的植被不采取清除措施，以便为新种植的苗木创造有利的小环境。更新造林型，采用 4 m 宽的种植带和 2 m 宽的保留带。种植带上，采取水平带割灌清杂。疏伐改造型，采用 6 m 宽的种植带和 2 m 宽的保留带。在种植带上，对非目的树种（如桉树等、松树、相思）进行疏伐，木

材、枝丫和树叶外运集中处理。林下套种型，采用 4 m 宽的种植带和 2 m 宽的保留带。

（4）造林密度

更新造林型采用 2 m ×3 m 的株行距，疏伐改造型和林下套种型株行距分别为 2 m ×4 m、3 m ×3 m。整地挖穴各种造林措施类型均采用反坡穴状整地方式。

（5）挖穴整地

在林地清理干净后可随即进行挖穴整地，采用明穴方式，即按植穴规格要求将穴土挖松以后堆放于穴的上方或两边，让其自然风化，改善土壤理化性质，提高肥效，也方便以后回穴土。对 1~2 年生营养袋苗，采用 60 cm ×60 cm ×50 cm 的种植穴（以穴底部为衡量标准）。胸径大于 3 cm 的假植苗，采用 80 cm×80 cm ×60 cm 的种植穴。在水平种植带上，按品字形或梅花状开挖种植穴。插条造林时，种植穴规格可为 40 cm ×40 cm ×20 cm，种植时将插穗靠壁直立、踏实。

（6）回穴土与施基肥

在计划栽植前的 1 个月进行回穴土与施基肥。回土时要把土块打碎，捡出石块与根枝杂物，先回表土，当回土至半穴时放入基肥，并与底土充分拌匀，然后继续回穴土至平穴备栽。这样，肥料能充分熟化发酵，避免烧伤苗木根系，有利于苗木对养分的吸收，提高成活率。

施基肥要求：胸径 3 cm 以上苗木采用腐熟有机肥 1.0 kg、进口复合肥 0.3 kg 和磷肥 0.25 kg 作为基肥，其他苗木用量减半。

（7）苗木规格

为加速绿化，早些郁闭成林，设计采用较大规格苗木，其规格标准为 3~4 年生、高 1.5~2.0 m，带 2.5 kg 营养土，苗木健壮，冠形正常，叶色青绿，无病虫害，无机械损伤。

（8）造林时间

新种植的苗木在适宜温度和充足水分的条件下才能快速生长，所以，一般选择在春季透雨后进行造林，

以保证苗木的成活率。

（9）种植要求

种植时必须剥去营养袋，不得弄散土球，要带土栽植。回土前应清除穴内和回填土内的石砾，使苗木直立、舒根，然后压实根系周围的土壤，回土后要再适当压实，穴面与山坡形成反倾斜，以利于保水保土保肥。种植采用小群落、大混交、块状混交的种植方式，根据每个坡位所配置的树种，采取随机混交种植，尽量使各树种分布均匀，原则上同一树种栽植相连不超过 3 株。假植苗完成种植后，应采用尾径 4 cm、长约 2 m 的三根竹竿固定。

（10）幼林抚育

栽植后 20 d 内要及时检查苗木的成活情况，发现死苗及时补植，以确保秋季验收时成活率达到 95% 以上。抚育一般设计为 3 年 5 次，造林当年秋进行第 1 次抚育，第 2、3 年春末、秋末各抚育 1 次。追肥工序安排在第 2、3 年春季抚育时进行。抚育必须进行除草、除藤、松土、扩穴、培土，每株苗追施 0.05 kg 尿素、复合肥 0.15 kg。同时要做好防人畜破坏、防火和防治病虫害等工作。

3.2.3　退化滩涂与退化红树林改造工程

红树林湿地恢复的目标是实现生态系统地表基底的稳定性，恢复湿地良好的水状况、植被和土壤，提高生物多样性和生态系统的生产力和自我维持能力，恢复湿地景观，以实现区域社会、经济的可持续发展。其恢复的原则为：可行性原则（环境的可行性和技术的可操作性），因地制宜、适地适树的原则，生态优先、可持续发展的原则，最小风险和最大效益的原则，以及美学的原则（廖宝文 等，2010）。

3.2.3.1　植物种类的选择

根据适宜生境造林原理，红树林的树种一般选择当地的种类，如秋茄、桐花树、木榄、红海榄（*Rhizophora stylosa*）、红茄苳（*R. mucronata*）、红树（*R.*

apiculata)、角果木（*Ceriops tagal*）、海桑、白骨壤、老鼠簕、卤蕨等，以及一些半红树，如银叶树、黄槿、海檬果、水翁、假茉莉等，形成多样化的红树林片区。

3.2.3.2 宜林地的选择

对于拟修复的区域，要进行红树林种植，首先是进行宜林地的选择。红树林恢复宜林地选择的原则，一是根据所选用树种的生长习性和对生境条件的要求，如红树林植物一般种植在潮间带，半红树植物则种植在高潮带以外或海岸。二是选择避免台风直接袭击和海浪冲击较小的地带作为林地，以减少损失，提高苗木的成活率。盐度是红树林植物生长的一个重要限制因子。对于耐盐较差的种类，种植地一般选择在河口淡水与盐水交汇区域，这里属低盐区。如桐花树适宜生长在每天淹水 8~9 h、水深 1.5 m、淤泥 0.5 m 的低潮区域，而秋茄则喜欢生长在每天浸水 5~6 h、水深 1 m、淤泥 0.3 m 的近岸区域（刘治平，1995）。

在高盐度（30‰）海滩极端立地条件下，种植实验表明，滩面高度对红树植物的生长有显著的影响。在中等的滩面高度即平均海平面附近时，红树植物具有最大的生长量和保存率。当红树林种植的滩面过高时，海水对红树植物的淹浸时间过短，不能使红树植物对水分的要求得到满足，致使红树植物的生长量下降。另一方面，当滩面水平过低时，红树植物在海水厌氧环境中时间过长，呼吸作用受到抑制，生长量也同样受到影响（陈玉军 等，2014）。因此，在高盐度红树林恢复的宜林地应该选在海平面附近（陈玉军 等，2014）。

3.2.3.3 红树林主要种类的育苗方法与造林技术

红树林的造林技术涉及育苗与造林两个步骤，主要涉及胚轴采集、育苗及栽植、蹲苗、病虫害防治、抚育与管理等。

（1）苗床整理

引种前，首先要切实做好苗床整地、基肥、营养袋等准备工作，为提高苗木成活率做好保障工作。种子可采用海滩育苗方法，可直接用海滩淤泥作苗床，也可用营养土作苗床，营养土配方可用 3% 复合肥 +30% 火烧土 +10% 猪粪 +57% 壤土。

（2）育苗

不同树种采用不同方法育苗。对于有胎生苗的种类，如桐花树、秋茄、木榄等，一般采用插植造林方法，从母树上采集成熟胚轴直接在滩涂上插植，不需经过育苗阶段，省时省工，幼苗成活率高，成林也快（图 3.2）。采收的胚轴应尽快种植。种子育苗时，当苗床中的苗木生长到一定高度后再移至营养袋培育，一般苗高 5~10 m 时进行移植。苗木越冬应注意防寒，寒潮来临前，可用塑料薄膜覆盖在苗床或营养袋上方以防冻害。

图 3.2 海南省三亚市铁炉港红树林育苗基地

（3）造林技术

1）适时种植

秋茄和木榄以 4—6 月为最佳种植时间，6 月以后由于温度升高，幼苗成活率低，不宜继续种植。桐花树一般以营养袋种植为主，时间以 10—11 月为宜。下胚轴插入泥滩中一半左右为好，植苗过浅时，苗易歪斜，甚至被潮水卷走，降低成活率，太深时也会生长不好或死亡（刘治平，1995）。

2）适当密植

为了防止海浪对红树林幼苗的影响，红树植物种植的密度要适当增大。秋茄和桐花树的种植行株间距以 1 m ×1 m 或 0.5 m ×0.5 m 左右为好。较大的密度可使林子很快郁闭，待到第 2 年或第 3 年，从中移出部分，逐步扩大面积。这种密植扩大法，既有利于红树林生长成材，也有利于防浪护岸，效果较好（图 3.3）。

图 3.3 广东省雷州市徐闻县人工种植红海榄的状况

3）树种混交

不同树种混交种植，有利于改变林相，主要是将秋茄、桐花树、老鼠簕这些生长习性相近的树种进行混交种植，可收到较好的效果。

（4）抚育管理

造林后必须加强抚育管理，才能达到预期目的。在抚育管理过程中，要控制下海人员和船只进入造林地段挖蚝或捕捞，防止人为破坏；还要定期清捞漂浮杂物，以免覆盖胚芽或黏附叶片，影响叶片光合作用，从而影响幼苗生长；也要注意对缺少或损坏的幼苗进行补种，以利于成林（图 3.4）。

图 3.4 广东省雷州市徐闻县红海榄人工林抚育 3 年后的生长状况

3.3 生态恢复决策中的人文观问题

人文观（human dimensions）是指集政治、经济、社会系统之大成，共同组成了人与自然和谐相处的自然资源适应性管理（adaptive management）。在生态恢复项目中，适应性管理是指开展跟踪式的生态监测，在此基础上进行评估，以确定恢复的有效性，必要时可通过修改规划以满足新情况的实际需要，即沿着"规划—监测—评估—调整规划"这样的流程编制的管理（黄长志 等，2007）。

在生态系统的治理和恢复实践过程中，人们往往忽视了对人文观的关注。因为，从纯生态学理论看，栖息地生态恢复的目标是恢复生态系统的功能性特征，如生物功能、物理化学功能等（任海 等，2001），这些指标与生态系统是否成功恢复存在重要的关联。而从人文观角度来看，则侧重于考虑人们如何从栖息地生态恢复中获得效益，使栖息地增值，提高利用率。因此，作为自然资源管理的一个组成部分，生态恢复可以被看作是社会价值管理的一部分，其管理者需要努力平衡当今多元化社会的需求价值和子孙后代生态可持续发展的价值。这些社会需求的多元化人文价值观目标主要包括在生态恢复过程中，要注意发展海岸带的休闲旅游业，促进社区居民对环境规划的参与，保护和改善岸线区域环境安全，保护具有传统文化和历史价值的物质或非物质遗产，提高和改进运输、商务和生产场所等。

Chapter IV The Plants for Restoring the Degraded Ecosystem in South China Coastal Zones

第四章　恢复华南海岸带受损生态系统的植物

海岸带生态人工恢复是指以生态学理论为指导，利用海岸适生植物，以人工造林的方式建造海岸林带，并促使其向天然植物生态群落的演替，其目的在于建造一个层次丰富、结构完整的植物群落，以达到涵养水源、调节微气候、防风护岸、优化景观等良好的生态服务功能。海岸生态恢复的适生植物最好是以乡土原生植物为主，但目前海岸人工林植物大部分采用了外来植物种类，已严重影响乡土植物的生存空间，如木麻黄纯林容易衰退，且易受星天牛、黑角舞蛾等危害，使其不仅丧失防风的功能，更导致木麻黄纯林难以可持续更新。因此，以其他树种或以混交造林方式代替木麻黄纯林已成为目前海岸防护林研究的主要方向。

4.1　海岸环境对近海植物生长的影响

影响植物生长的环境因子可分为气候因子（如温度、湿度、光照、风等）、生物因子（如植物间之竞争、毒他作用、共生、寄生等）、地理因子（如地文因子、方位、海拔、坡度等）、土壤因子（如土壤酸碱度、养分、质地、含水量等）等，因此，这要求植物在生物学方面具有适应这种恶劣环境的特性（张俊斌 等，2006）。

高温对植物的生长影响主要表现在植物生长速率降低、水分蒸散作用增快、光合能力降低及呼吸作用增强，这些因素的叠加促使植物叶片出现增厚、垂直生长以减少日光直射、表面呈白色以反射日光、表面被覆绒毛以遮蔽表皮及叶肉等特征；木本植物的树皮为了保护皮下的韧皮部与形成层细胞，也常常木质化。

沿海地区由于受大风和海浪的动力作用，形成无数含盐离子的水滴（包括盐风、盐雾或盐尘），在风力和重力的作用下，随远离海岸逐渐沉降于植物的枝叶和茎秆上。当盐分滴在叶片上时，气孔会马上关闭，影响了植物的正常呼吸作用。并且，如果盐分积聚在受损枝条上，对那些耐盐性较差的植物造成"盐

风害"，严重时会造成植物生理脱水，引起枯萎致死，这种现象在海岸地区被称为"海煞"（王述礼 等，1995）。另外，强风常会将植物生长地的土壤或沙粒吹散，使植物因根群裸露而死亡，或使植株倒伏、矮化或呈旗形生长，造成叶片枝条之擦伤与破损等。

飞沙主要对沿海沙丘地区的植物造成影响。这些地区土壤保水率低，沙粒易受风之吹袭而移动，产生风蚀作用。沙土堆积会使植物根域的通气性降低，植物茎部受沙埋之部位温度过高而导致植物因热害而死亡。飞沙的土壤粒子会造成植物的生理性损害，导致盐分自损伤部位侵入，使危害加剧，严重的飞沙会将植物埋没。在海岸地区因强风烈日的影响，空气相当干燥，土壤中的水分也会相应不足，尤其在沙丘地区干旱对植物之生长相当不利。土壤盐度对大多数耐盐性植物的生长和分布有一定的限制作用。某些耐盐性植物通过长期在高盐环境的生长，虽然在形态结构和生理功能上进化出了一套适于盐生环境的特性，但过高的土壤盐分会使植物的叶尖干枯，并有坏死的斑点产生。土壤养分不足会影响植物生理机能及减缓生长，通常缺氮时叶片会呈不鲜明的黄色至绿色，甚至呈黄化现象。

4.2　不同海岸环境之植物特性

乡土植物是经过长期的自然选择及物种演替后在当地生存下来的物种，对当地的气候、土壤等条件具有高度的适应性，由其组成的植物群落抗逆性强、稳定性高、恢复力好。

飞沙较多区域的定沙植物根系强健，茎节生根且水平根发达，耐覆盖和干旱，主要的地被植物有蒺藜、单叶蔓荆、厚藤、甜根子草（Saccharum spontaneum）等。抗风害的植物特点为根系强健，枝干强劲，抗风性强的植物有细叶榕、草海桐、银叶树等。抗潮害的

植物特点为根系发达、耐盐渍土壤、叶片厚实等，主要有秋茄、木榄、白骨壤、桐花树、露兜树等。

对土壤盐害有抗性的植物有较强的耐盐性，叶片革质或具盐腺，这类植物主要有如假茉莉等。在土壤贫瘠区域可以生长的植物具根瘤、菌根，如狼尾草等。能适应高温干燥的植物特点为叶片厚实、革质，角质层厚，这类耐旱植物有海檬果、假茉莉、厚藤、银叶树等。

近年来，随着华南地区海岸带造林等问题的日益突出，以及以木麻黄为主的沿海防护林面临退化等实际问题的日益凸显，迫切需要加强对华南海滨耐盐植物资源进行筛选，并对其应用进行研究。

4.3　海岸带生态恢复常用的归化植物

外来植物（alien plants），即非乡土植物，指的是在一定区域内历史上没有自然分布而被人类活动有意或无意引入的植物种类。归化植物（naturalized plants）是指那些在本地区野外可以大量繁衍并能与本地其他植物构成稳定的植物群落的外来植物。半个多世纪以来，我国从其他地区引种了1 824种外来树种，其中原产于大洋洲的种类达470种、北美洲的种类达302种。广东省引种了松属（Pinus L.）、桉属（Eucalyptus L.）、木麻黄属和异木麻黄属等351种外来植物，为全国引种种类最多的省份。外来树种，如桉树、相思树、国外松类等，被广泛种植于荒山绿化和速生丰产林，为增加木材供应、缓解我国木材资源危机等发挥了巨大的作用，并产生了良好的经济效益和社会效益，对我国国民经济发展和生态环境改善起了重要的作用。同时，这些外来经济林的种植使我国珍贵的天然林资源得到了有效的保护，也为我国林业经济的可持续发展奠定了重要基础（郑勇奇 等，2014）。

但是，目前引种和种植外来树种也面临一些挑战。由于能带来经济利益，人们对这些引种树种的研究主要集中在其经济价值、栽培技术和引种理论等方面，忽视了其生物入侵潜力和可能的生态风险。人们开始对外来树种的广泛种植引起的环境问题越来越担心，也忧虑外来树种可能会形成的生物入侵或者与乡土树种产生基因交流，并改变种群的遗传结构和生态系统的稳定性等（郑勇奇 等，2014）。

4.3.1　用于荒山坡地植被恢复的植物

4.3.1.1　松树

松树主要指隶属于松科松属（Pinus L.）的植物。这些植物多为常绿乔木；大枝轮生，每年生1轮或2至多轮；鳞叶螺旋状排列，针叶常2、3或5针一束，生于鳞叶腋部短枝的顶端。花雌雄同株；球果翌年秋季成熟；种子上部具翅或无。本属分布于北半球，自北极圈，至北非、中美洲、东南亚等地区。我国已引入栽培16种，其中湿地松（P. elliottii）、火炬松（P. taeda）、加勒比松、黑松（P. thunbergii）等生长较快，均为有发展前途的造林树种。

松属植物多为阳性树种，少数幼年期耐阴，多数对土壤条件要求不严，耐干旱、瘠薄，但不耐盐碱和渍水。松树对陆生环境适应性极强，可以忍受 -60℃的低温或50℃的高温，能在裸露的矿质土壤、沙土、火山灰、钙质土、石灰岩土及由灰化土到红壤的各类土壤中生长，喜阳光，是著名的先锋树种。

此外，以湿地松为母本、加勒比松为父本进行杂交育成的——湿加松（Pinus elliottii × caribaea）也是近年来种植较为广泛的一个树种。澳大利亚于1955年最早开展了湿地松和加勒比松的杂交育种，我国于20世纪70至80年代才开始此项研究，并于90年代初获得了优势突出的"湿加松"优良组合（张应中 等，2008）。这种杂交的湿加松的生长速度、耐水湿性、木材和纸浆产量、抗旱能力、分枝习性和木材品质均优于湿地松，其抗风能力、木材密度和强度及生长量均优于加勒比松。但是，由于其种子产量不高，因此，主要通过扦插育苗。湿加松的幼林病虫害以微红梢斑螟、松赤枯病为主，随着林龄的增加，松针褐斑病、松枯梢病等病害随之侵入（魏初奖 等，2013）。在广东，湿加松在生长量、长势等方面都优于同期造林的马尾松、湿地松和加勒比松。

（1）加勒比松 *Pinus caribaea* Morelet

乔木，树冠广圆形或不规则形状。树皮灰色或淡红褐色，裂成扁平的大片脱落；枝条节间很短；冬芽圆柱形，芽鳞窄披针形，边缘有白色睫毛。针叶通常3针一束，稀2针一束。雄球花圆柱形，长 1.2~3.2 cm，无梗，多数集生于小枝上端。球果近顶生，弯垂，卵状圆柱形，5~12 cm×2.5~3.8 cm；种子斜方状窄卵圆形，顶端尖，基部钝，微呈三棱状，长 6~7 mm，有灰色或淡褐色斑点。原产于加勒比海地区的巴哈马群岛、古巴、伯利兹、洪都拉斯、危地马拉及尼加拉瓜。加勒比松为强阳性树种，喜温暖气候，较耐水湿和盐碱土，不耐旱，抗风力较强，生长快，适生于沿海平地上及山区海拔 480~900 m 地带，为热带和亚热带地区主要的针叶用材树种。

广东省于1964年开始引种加勒比松，1973年又引种了巴哈马加勒比松［*P. caribaea* var. *bahamensis* (Griseb.) W. H. G. Barrett & Golfari］和洪都拉斯加勒比松（*P. caribaea* var. *hondurensis* (Sénécl.) W. H. G. Barrett & Golfari）两个变种，由于其速生丰产、产脂高、适应性强、耐瘠薄、能生长在砖红壤至沿海沙地、树干通直、抗风力强等优良特性，1980年以后在广东省24°N以南地区开始了大面积推广（潘文 等，2002）。目前，加勒比松已经被50多个国家引种。加勒比松主要用种子育苗，在幼苗期易感染猝倒病（郭玉红 等，2010）。

（2）湿地松 *Pinus elliottii* Engelm.

乔木，高可达 30 m，胸径 90 cm。树皮灰褐色或暗红褐色，纵裂成鳞状块片剥落；冬芽圆柱形，上部

渐窄，无树脂，芽鳞淡灰色。针叶 2~3 针一束并存，有气孔线，边缘有锯齿。球果圆锥形或窄卵圆形；种鳞的鳞盾近斜方形，肥厚，有锐横脊，鳞脐瘤状，先端急尖；种子卵圆形，微具 3 棱，黑色，有灰色斑点，种翅长 0.8~3.3 cm。原产北美东南沿海、古巴、中美洲等地东南部，我国湖北、江西、浙江、江苏、安徽、福建、广东、广西和台湾等省区有引种栽培。

湿地松是世界上重要的用材、纸浆和采脂树种，喜光，不耐阴，适生于夏雨冬旱的亚热带气候地区。在中性至强酸性红壤丘陵地和沙黏土地生长良好，耐贫瘠，有良好的适应性和抗逆力。此外，湿地松的抗风力强，在11~12级台风袭击下很少受害，其根系可耐海水灌溉，是很好的经济和水土保持林树种。湿地松抗病虫害能力强，一般很少有病虫害发生（郑勇奇等，2014）。但是，湿地松往往后期表现出林分蓄积量偏低，影响了林业部门种植的积极性。

对南方红壤区进行的人工马尾松林、人工湿地松林和自然恢复林3种恢复方式的比较研究表明，湿地松人工林的群落多样性和结构功能上均劣于本地种马尾松人工林和自然恢复的次生林（王芸 等，2013）。

4.3.1.2 桉树

又称尤加利树，是桃金娘科桉属（*Eucalyptus* L' Hér.）植物的统称。一般为常绿高大乔木，少数是小乔木，呈灌木状的很少，600余种，大部分种类的原产地为澳大利亚，少部分生长于邻近的新几内亚岛、印度尼西亚及菲律宾群岛。桉树为世界著名的速生树种，轮伐期短，适应性强，用途广泛，其经济价值高，木材可用于建筑、桥梁、家具等，也可生产木浆用于造纸及生产纤维板、改性材等。因此，桉树既可作为理想的经济林，又可作为防风林、薪炭林、风景观赏林等。

用于生产纤维板或改性材的桉树木片

桉树目前已被世界上100多个国家引种栽培，我国桉树引种始于1893年，已有100多年的历史，广东、海南、广西、云南、四川、福建、江西、湖南、贵州、浙江、湖北、江苏、安徽、陕西、上海、台湾、甘肃等17省区、600多个县（市）引种栽培桉树，种类达323种。据不完全统计，我国桉树人工林面积在2009年已经达到2.60×10^7 hm²。华南地区人工造林的主要种类为蓝桉（*E. globulus*）、赤桉（*E. camaldulensis*）、柠檬桉、窿缘桉（*E. exserta*）、巨桉（*E. grandis*）、大叶桉、托里桉（*E. torelliana*）、细叶桉、尾叶桉等。

桉树袋苗培育基地

目前，国内对大规模发展桉树颇有争议。有人认为桉树具有良好的经济效益和生态效益，但也有人认为桉树过度消耗土壤养分，使土壤贫瘠，加速土壤侵蚀，影响野生动植物的生存环境，降低了当地的生物多样性。

对桉树入侵性的评估表明，蓝桉、大叶桉和巨桉的入侵性扩散程度为中等，即如果桉树人工林管理不当或栽培地点不慎重考虑，会比较容易对当地植被和生态系统造成入侵，对我国的自然生态系统和自然植被构成威胁（郑勇奇 等，2014）。

（1）柠檬桉 *Eucalyptus citriodora* Hook.

大乔木。树干挺直；树皮光滑，灰白色，大片状
脱落。幼态叶片披针形，成熟叶片狭披针形。圆锥花
序腋生；花梗长 3~4 mm，有 2 棱。蒴果壶形，果瓣藏
于萼管内。花期 4—9 月。喜光，对气候、土壤适应性
强，耐干旱，速生，出材率高，为华南地区重要造林
树种。适宜南部低丘下部、沿海山地造林和四旁绿化。
同时，也是南方重要的速生用材树种和很好的芳香油
树种。

（2）赤桉 *Eucalyptus camaldulensis* Dehnh.

　　大乔木。树皮平滑，暗灰色，片状脱落。幼态叶片阔披针形，成熟叶片狭披针形至披针形。伞形花序腋生，有花 5~8 朵，总梗圆形，纤细；花梗长 5~7 mm。蒴果近球形，果缘突出 2~3 mm，果瓣常 4 枚。花期 12 月至翌年 8 月。较适度的条件为海拔 250 m 以下的地带，年降水量 250~600 mm，冬季只有轻霜的生境，最常见于河流沿岸。在中国栽种的面积较广，从华南到西南均有栽培，是比较理想的树种，生长迅速，有一定的抗旱及耐寒力。

（3）大叶桉 *Eucalyptus robusta* Sm.

大乔木。树皮不剥落，深褐色。幼嫩叶卵形，成熟叶片卵状披针形。伞形花序粗大，有花 4~8 朵，总梗压扁；花梗短，粗而扁平。蒴果卵状壶形，长 1~1.5 cm，上半部略收缩，蒴口稍扩大，果瓣 3~4 枚，深藏于萼管内。花期4—9月。世界著名的速生树种，适应性强，木材坚韧、耐腐，可作枕木、电杆、矿柱、建筑、家具等用材和造纸用材，可作为城市人行道树和防风林树种。

4.3.1.3 豆科植物

豆科植物因其生物固氮、根系发达、抗逆性强、生长迅速、结实量大、繁殖方便等生物学特性，在荒山生态恢复和水土保持方面往往被选为先锋植物。

（1）相思树

相思树类植物为豆科金合欢属（*Acacia Mill.*）植物的总称，原产地主要在大洋洲和非洲等热带和亚热带地区。由于相思树类植物具有根瘤，且对立地条件要求不高，适应性强，生长迅速，病虫害少等，近几十年来成为我国华南地区的重要造林树种。目前，主要种类包括台湾相思（*A. confusa*）、大叶相思、马占相思（*A. mangium*），此外还有肯氏相思（*A. cunninghamii*）、厚荚相思（*A. crassicarpa*）、卷荚相思（*A. cincinnata*）、黑木相思（*A. melanoxylon*）等。本属植物具有很大的经济价值，一些种类可提取单宁、树胶、染料，可供硝皮、染物及制造墨水、药品等用。

1）台湾相思 *Acacia confusa* Merr.

又称相思树。常绿乔木，树干灰色有横纹。苗期第 1 片真叶为二回羽状复叶，长大后小叶退化，叶柄呈叶状，披针形，直或微呈弯镰状，两端渐狭，先端略钝。头状花序球形，单生或 2~3 个簇生于叶腋；花金黄色，有微香。荚果扁平，干时深褐色，有光泽；种子椭圆形，褐色。花期 4—8 月，果期 8—10 月。原产菲律宾，现我国广泛种植于福建、广东、广西、海南、江西、四川、台湾、云南、浙江等省区。

台湾相思的繁殖一般采用有性繁殖方式。其种子表面有一层坚硬的蜡质层，这层蜡质层可使台湾相思的种子保存 40 年以上仍然具有发芽能力，但正是这层蜡质层使得种子发芽非常困难，因此播种前一定要对种子作特殊处理。台湾相思根系发达，根部的根瘤菌能固定空气中的游离氮并将其转化为植物可直接吸

华南沿海山地台湾相思人工林

收的氮元素，因此适应性非常强，在各种环境中都能
正常生长。台湾相思的生长速度快，1~2 年后即可成
林，病虫害少。喜暖热气候亦耐低温，喜光亦耐半阴，
耐旱瘠土壤，亦耐短期水淹，喜酸性土，适合在海拔
350 m 以下的区域种植。目前，广东省已经利用台湾
相思进行了大面积的造林，广泛用于残次林改造及水
土流失区、贫瘠山地、河堤及四旁造林，取得了良好
的效果。由于其抗风性强，也因此在沿海防护林建设
中起到了重要的作用。

2）大叶相思 *Acacia auriculiformis* A. Cunn ex Benth.

又称耳叶相思、尖叶相思。常绿乔木。枝条下垂，树皮平滑，灰白色；小枝无毛，皮孔显著。叶状柄镰状长圆形，两端渐狭。穗状花序1至数枝簇生于叶腋或枝顶；花橙黄色，细小。荚果成熟时旋卷，果瓣木质，每一果内有种子约12颗；种子黑色，围以折叠的珠柄。原产于澳大利亚和新几内亚。我国海南、广东、广西、福建、香港、澳门等省区有引种。

大叶相思适应性强，生长迅速，干形通直，是兼用材、薪材、纸材、饲料和改土于一身的树种，可迅速美化环境，涵养水源，其生态效益、经济效益、社会效益相当显著。喜温暖潮湿而阳光充足的环境，适宜种植于排水良好的沙质土壤上。由于其可以在贫瘠、干燥、坚硬的土壤正常生长，又能抵抗强风，是绝佳的防风及造林树木。大叶相思树冠茂密，可抑制树下的植物生长，故常被用作隔火林。

3）马占相思 *Acacia mangium* Willd.

常绿乔木。树皮粗糙，主干通直，树型整齐。叶柄纺锤形，中部宽，两端收窄，纵向平行脉4条。穗状花序腋生，下垂；花淡黄白色。荚果扭曲。花期9—10月，果期翌年5—6月。原产澳大利亚昆士兰沿海、巴布亚新几内亚西南部和印度尼西亚东部等湿润热带地区。相思树种皮坚硬，且外层裹有蜡质，不易吸水膨胀，播种前需用5~10倍于种子体积的沸水浸种至冷却，再用清水浸种24 h，取出种子凉干置于沙床常温催芽。

我国于1979年由中国林业科学研究所从澳大利亚引进，1982—1983年在广东和海南建立了马占相思母树林，目前在广东、海南、广西、云南、台湾等省区都有种植。一般分布在海拔100~800 m的沿海平地及缓坡，为典型的低海拔树种，是豆科固氮速生丰产树种。它分布在红树林的后面、沿海区的沿河川地、排水良好的平地、低山及山脚，通常生于酸性砖红壤上。马占相思生长迅速，干形通直，适宜作纤维材、纸浆材、胶合板材、建筑和家具用材。近年来，非洲、南美洲及东南亚等地都在扩大种植面积。

（2）银合欢 *Leucaena leucocephala* (Lam.) de Wit

灌木或小乔木，高 2~6 m。老枝具褐色皮孔，无刺。托叶三角形，小；羽片 4~8 对，叶轴最下一对羽片着生处有黑色腺体 1 枚；小叶 5~15 对，中脉两侧不等宽。头状花序通常 1~2 个腋生；花白色。荚果带状，顶端凸尖，基部有柄，纵裂；种子卵形，褐色，扁平，光亮。花期 4—7 月，果期 8—10 月。

银合欢原产墨西哥南部尤卡坦（Yucatan）半岛，主要分布于南北纬 30°之间，如墨西哥、哥伦比亚、澳大利亚、美国的夏威夷和佛罗里达以及其他太平洋和亚洲地区。大约在公元 1 600 年以前传入菲律宾，其后印度尼西亚、夏威夷、毛里求斯岛、澳大利亚北部亦引种栽培。我国台湾于 1645 年由荷兰人引入，曾大量造林。我国华南热带作物科学研究院于 1961 年从中美洲引进少量种子，由于其长势及产量均优于本地品种，广西、广东、福建、海南、云南、浙江、湖北、香港、澳门、台湾等省区已有较大面积栽培。

银合欢生长快，萌生力强，适应性强，根系发达，对土壤要求不严，最适合于种植在中性或微碱性（pH 6.0~7.7）的土壤，在岩石缝隙中也能生长。在华南地区，银合欢也常常用于高速公路、铁路等护坡工程。

本种植物在林缘繁殖扩散能力强，并且可以进入其他郁闭度大的林分内，能通过化感作用影响其他树种的生长，可能对乡土树种形成的自然生态系统造成生物入侵的威胁（郑勇奇 等，2014）。在南非，银合欢和牧豆属（*Prosopis* L.）的杂交种已经成为入侵种，导致局部地区生物多样性明显降低，并妨碍集水区的自然径流，进而影响干旱地区水源供应。

（3）白灰毛豆 *Tephrosia candida* DC.

亚灌木。基部多分枝；茎木质化，具纵棱，被灰白色长绒毛。羽状复叶，小叶 8~12 对，长圆形，先端具细凸尖，上面无毛，下面密被平伏绢毛。总状花序顶生或侧生，长 15~20 cm，多花；花冠白色、淡黄色或淡红色。荚果直，密被褐色细绒毛，顶端截平，喙长约 1 cm；种子椭圆形，有花斑。花期 10—11 月，果期 12 月。我国栽培于广东、海南、福建、广西、云南、台湾等省区。原产印度，现广泛栽培于南美洲和非洲。

白灰毛豆为喜阳植物，根部含有根瘤菌，可以固定空气中的游离氮，起到改良土壤的作用。具有发达的根系，生长能力强，适应范围广，耐酸，耐贫瘠，耐干旱，稍耐轻霜，常作为先锋树种，是用于热带亚热带地区的荒山、边坡绿化和水土保持的优良树种（李小华 等，2008）。白灰毛豆可以人工播种，也可以与其他草种混合喷播，成活率高，播种后约 5 个月可开花，一年后即可达到 1 m 的高度。常与车桑子、多花木蓝（*Indigofera amblyantha*）等一起用于公路和河岸的护坡工程，以代替银合欢进行绿化（刘冲 等，2012）。

4.3.2 用于陆域海岸防护林建设的植物

4.3.2.1 落羽杉属植物

落羽杉属（*Taxodium Rich.*）隶属柏科，均原产于北美洲和墨西哥。落羽杉（*T. distichum*）、池杉（*T. ditichum* var. *imbricatum*）与原产于我国的同科植物水杉（*Metasequoia glyptostroboides* H. H. Hu & W. C. Cheng）在造林上称为"三杉"。"三杉"都是古老的孑遗植物，落叶树种，适生于湿地沼泽环境，具有生长快、材质好、干形直，耐水、耐旱、病虫害少的特点，在华南河口堤旁、池塘边和路旁甚为常见。

（1）落羽杉 *Taxodium distichum* (L.) Rich.

落叶乔木，常有屈膝状的呼吸根。叶在小枝上列成 2 列，羽状。雄球花卵圆形，有短梗，在小枝顶端排列成总状花序状或圆锥花序状。球果球形或卵球形；种鳞木质，盾形，顶部有明显或微明显的纵槽；种子不规则三角形。球果 10 月成熟。

落羽杉耐水湿，耐干旱、瘠薄，喜光和温热湿润气候，既能生长于陆地，也可生长在沼泽等湿地，在酸性土到盐碱地都可生长，以疏松肥沃、富含腐殖质的土壤为佳。落羽杉速生性强，适应范围广，抗风性能极好，抗污染和抗病虫害能力强，为优良的造林树种。我国于 20 世纪 20 年代开始引进，目前以长江流域和珠江三角洲流域栽培较多，是我国水网地区、平原湖区和丘陵山区低湿洼地不可多得的速生用材树种，也是生态防护林、农田林网和园林绿化、道路绿化的优良树种。

落羽杉以种子育苗为主，也可进行扦插育苗。

广东省广州市中国科学院华南植物园落羽杉群落景观

（2）池杉 *Taxodium distichum* var. *imbricatum* (Nutt.)
Croom

乔木，常有屈膝状的呼吸根。叶钻形，微内曲，在枝上螺旋状伸展。球果圆球形或长圆球形；种鳞木质，盾形；种子不规则三角形，微扁，红褐色，边缘有锐脊。花期3—4月，球果10月成熟。

池杉同落羽杉的生物学特性相似，耐水湿，生于沼泽地区及水湿地，为华中、华东和华南地区低湿地的造林或观赏树种。

池杉可种子育苗，但由于其种子内含抑制种子萌发的物质，需要用冷水浸种30~45 d，或用50℃温水处理，以促进种子尽早萌发。

4.3.2.2　木麻黄类植物

主要指木麻黄科木麻黄属（*Casuarina L.*）和异木麻黄属（*Allocasuarina* L. A. S. Johnson）植物。

木麻黄属植物小枝轮生或假轮生，纤细，幼时常被毛；节间常圆柱形。叶退化成鳞片状，轮生，下部的联合成鞘，边缘具乳突。花单性，雌雄同株或异株，无花梗。雄花序为穗状花序，纤细，圆柱形，通常侧生，不分枝。雌花序为椭球形或圆柱形的头状花序。果序圆柱状或椭球形，被分枝毛；小苞片绝不增厚，背面无突出物。翅果淡棕黄色，无光泽。本属主要分布于澳大利亚，少数种类分布到马来西亚及东南亚、太平洋群岛。

木麻黄属植物具有速生、耐干旱、耐盐碱、耐瘠薄和生物固氮的特点，是我国沿海地区重要的防护林、用材林和多用途林树种，对防台风、防海啸、防海浪侵蚀、固沙、生态恢复、土壤改良等均有重要作用，在世界热带、亚热带地区有广泛的引种和栽培。我国台湾自 1897 年首先引种木麻黄，1919 年以后，福建、广东、海南、浙江等省也先后引进并营造了木麻黄人工林。

我国引种了异木麻黄属的田野木麻黄（*Allocasuarina campestris*）、迪尔斯木麻黄（*A. dielsiana*）、纳纳木麻黄（*A. nana*）、费雷泽木麻黄（*A. fraseriana*）、休格尔木麻黄（*A. huegeliana*）、矮木麻黄（*A. humilis*）、滨海木麻黄（*A. littoralis*）、利曼木麻黄（*A. luehmannii*）、双针木麻黄（*A. distyla*）、沼泽木麻黄（*A. paludosa*）、小松木麻黄（*A. pinaster*）、多纹木麻黄（*A. striata*）、森林木麻黄（*A. torulosa*）、轮生木麻黄（*A. verticillata*），以及木麻黄属（*Casuarina L.*）的丘陵木麻黄（*C. collina*）、鸡冠木麻黄（*C. cristata*）、细枝木麻黄（*C. cunninghamiana*）、短枝木麻黄（*C. equisetifolia*）、粗枝木麻黄（*C. glauca*）、大木麻黄（*C. grandis*）、山地木麻黄（*C. junghuhniana*）、肥木麻黄（*C. obesa*）和小齿木麻黄（*C. oligodon*）共 23 种，200 多个种源，260

多个家系。目前，木麻黄人工林的种植面积达三十多万公顷，已在华南沿海构成了一个"绿色长城"，其中细枝木麻黄、短枝木麻黄和山地木麻黄分布较广（仲崇禄 等，2005）。但由于长期使用少数单一无性系大面积造林和新品种的缺乏，自 1956 年开始，陆续营造的木麻黄防护林已经进入自然衰老状态，生长量明显回落，防护功能也不断降低，并且造成木麻黄人工林的病虫害不断发生，使得木麻黄防护林的生态防护效益和经济效益明显下降，有待及时更新。但对其改造方法、树种选择、合理配置和立地造林等关键技术尚未得到深入研究，严重阻碍了海防林建设的发展（张水松 等，2000）。

（1）细枝木麻黄 *Casuarina cunninghamiana* Miq.

乔木，树干通直。树冠呈尖塔形；树皮小块状剥裂或浅纵裂，灰色，内面淡红色；末端小枝平展或稍下垂，暗绿色，干时灰绿色或粉绿色。叶片直立，每轮通常 8 片，狭披针形。花雌雄异株，雄花序长 1.2~4 cm。果序椭球形或近球形，两端截平；小苞片顶端短尖；翅果连翅长 3~5 mm。花期 4 月，果期 6—9 月。原产澳大利亚，现广东、香港、澳门、台湾、浙江、福建、广西有栽培。

　　细枝木麻黄是我国木麻黄沿海防护林重要的三大树种之一，广泛应用于沿海沙地和造林困难立地的固氮改土、防风固沙、盐碱地改良和农林复合系统建立，是热带、亚热带地区具有多用途的造林先锋树种，也是薪炭和造纸等多用途树种。

（2）短枝木麻黄 *Casuarina equisetifolia* L.

常绿乔木，树干通直。鳞片状叶每轮通常 7 枚。花雌雄同株或异株；雄花序几无总花梗；花被片 2。球果状果序椭圆形，长 1.5~2.5 cm，直径 1.2~1.5 cm，两端近截平或钝；小坚果连翅长 4~7 mm，宽 2~3 mm。花期 4—5 月，果期 7—10 月。广东、广西、福建、台湾、浙江及南海诸岛均有栽培，是世界各国引种最早、人工栽培面积最大的树种。

短枝木麻黄生长迅速，根系具根瘤菌，萌芽力强，为强阳性植物，喜光，喜炎热气候，耐干旱、贫瘠，抗盐渍，耐盐碱，耐潮湿，不耐寒。通常用种子育苗，也可用半成熟枝扦插。主要病害为青枯病、丛枝病。主要虫害为木麻黄毒蛾、棉蝗、大麻黄枯叶蛾等。

4.3.3 用于水域红树林植被恢复的植物

（1）拉关木 *Laguncularia racemosa* Gaertn. f.［使君子科］

又称假红树或白红树，乔木，高可达 8~10 m。树干圆柱形，有指状呼吸根；茎干灰绿色。单叶对生，全缘，厚革质，长椭圆形，先端钝或有凹陷，叶柄正面红色，背面绿色。雌雄同株或异株，总状花序腋生，每花序有小花 18~53 朵，隐胎生。果卵形或倒卵形，长 2~2.5 cm，果皮多有隆起的脊棱，小果灰绿色，成熟时黄色。花期 2—9 月，果期 7—11 月。

拉关木天然分布于美洲东岸和非洲西岸的沿海滩涂。1999 年海南省东寨港红树林自然保护区从墨西哥拉巴斯市引种，2002 年开花结果，后来培育出大量苗木并被引种到广东电白。2008 年在电白采集的种子到福建莆田成功进行育苗后，又被引种到厦门等地，但无法在浙江苍南过冬。拉关木抗寒性仅次于秋茄，但抗盐能力较强，在盐度为 33‰ 的海滩上长势良好。拉关木具有典型的隐胎生繁殖方式，即种子在离开母体前发芽，但不突破果皮，成熟后果皮由灰绿色变黄色，并自然掉落于滩涂上。研究表明，拉关木对潮带的适应能力较强，自高潮带至中低潮带、由沙土到黏土均可正常生长，可作为红树林造林先锋和速生树种。也正是由于其生长速度超过我国大部分原生的红树植物种类，存在物种入侵的可能性（钟才荣 等，2011）。

（2）无瓣海桑 *Sonneratia apetala* Buch.-Ham.［千屈菜科］

乔木。主干圆柱形，有笋状呼吸根伸出水面；茎干灰色，幼时浅绿色。小枝纤细下垂，有隆起的节。叶对生，厚革质，椭圆形至长椭圆形，叶柄淡绿色至粉红色。总状花序。花瓣缺。雄蕊多数，花丝白色；柱头蘑菇状。浆果球形，每果含种子 50 颗左右。无瓣海桑主要分布在印度、孟加拉国、马来西亚、斯里兰卡等国。

本种是自 1985 年 11 月由尚隶属广东省的海南岛东寨港红树林自然保护站的陈焕雄等从孟加拉国引种回国。1986—1991 年，在国家自然科学基金的资助下，中国科学院华南植物研究所的高蕴璋、陈忠毅等和广东省林业科学研究院、海南省丰产林公司、海南东寨港红树林保护站等单位的科研人员开展了"中国海桑

属植物资源保存，加速繁殖利用及系统分类研究"的综合研究，期间对无瓣海桑在海南岛的育苗和造林技术进行了探索并取得了成功，并于1993年获得"中国科学院科技进步三等奖"。1993—1999年，广东省林业厅和广东省海洋发展研究中心又连续7年资助高蕴璋和陈忠毅研究员开展"红树林植物海桑和无瓣海桑的北移推广研究"。自1993年7月项目组跨海携苗北上至湛江地区育苗，至1997年育成无瓣海桑种源林和防护林示范林带，最终于1999年建成育苗40多万株的苗圃基地。

广东省中山市南朗镇翠亨新区横门无瓣海桑人工林

高蕴璋先生于1995年在近82岁高龄时亲自从海南携苗至广东省湛江市徐闻县附城镇

广东省湛江市徐闻县附城镇育苗基地（1996年）无瓣海桑育苗基地

无瓣海桑对低温的适应能力强于同属的乡土种类，生长速度快，生态位也较广，因此，在后来的10多年间被迅速推广至广东茂名、江门、中山、广州、深圳乃至汕头等沿海滩涂、河口沿岸等地，且均长势良好。

无瓣海桑在速生性、结实率、抗寒性、抗逆性、防风御浪方面显著优于其他红树林树种，成为华南沿海防护林体系工程建设中的优良树种之一。1998年之后在进行红树林的恢复重建过程中，由于无瓣海桑种子在林下可以自行萌发出大量的幼苗，幼苗在短期内即可郁闭成林，与其他人工林种类相比能尽快发挥红树林的各种生态效应，因而在华南沿海各地区广泛引种扩种，成为主要造林先锋树种。

广东省湛江市徐闻县锦和镇无瓣海桑人工林空地上的无瓣海桑幼苗

目前，红树林人工林中约90%为无瓣海桑，广泛人工种植于海南的东寨港、三亚河，广东的湛江市麻章区太平镇、廉江市高桥镇、雷州市附城镇及南兴镇、遂溪县界炮镇、徐闻县和安镇、吴川市吴阳镇，茂名市茂港区，珠海市淇澳岛，深圳市福田区和宝安区，广州市番禺区化龙镇、万顷沙镇，以及汕头市澄海区莲上镇、新墟镇和西南镇等，广西的防城港市，福建的龙海市和厦门市东屿，以及浙江的苍南等沿海滩涂，总种植面积估计达 3 800 hm²。经过多年的理论研究和生产实践，无瓣海桑的育苗和造林技术已基本成熟（钟才荣 等，2003；李玫 等，2008）。无瓣海桑结实率高且易于随着波浪漂流传播，种子在自然环境中萌发率高，因此很容易入侵到邻近区域并形成优势群落。由于无瓣海桑具有较强的种间竞争能力、一定的天然扩散更新能力以及与乡土红树植物之间的化感作用，在生态安全方面具有较强的生态入侵性（廖宝文 等，2004；田广红 等，2010），因此被认为是外来入侵植物（Ren et al，2009）。

无瓣海桑果实在广东省饶平县海山镇海滩上随漂流散布的情况

（3）大米草

大米草为禾本科大米草属植物（*Spartina* Schreb.），直立草本。本属约 17 种，原产于欧洲、美洲及非洲。我国先后引进了大米草（*S. anglica*）、互花米草、狐米草（*S. patens*）和大绳草（*S. cynosuroides*）（唐廷贵 等，2003），其中前两者栽培面积较大，后两者种植范围很小或还没有在野外进行种植。这些植物具有庞大的根系，具有固定土壤、消浪促淤、造陆护堤的作用，并且还有改善海岸生境、净化海水等功能。

1）大米草 *Spartina anglica* C. E. Hubb.

大米草繁殖扩散能力强，可以通过其发达的地下茎进行无性繁殖，一株大米草一年可发展到几十株，甚至上百株；也可通过大量的种子进行有性繁殖，一株大米草产生的上百颗种子能随风浪、海潮四处漂流，作远距离传播、蔓延。这些特点使得大米草在适生滩涂上具有很强的生存能力，因而在我国沿海地区得到迅速推广，对促淤、护堤、保岸和改造滩涂起了很重要的作用（唐廷贵 等，2003）。

也正是由于大米草具有快速扩展繁殖的特点，其过度生长形成的群落影响了当地的海滩养殖和生物多样性。但近期有文献表明，大米草由于自身退化以及与互花米草存在生态位竞争关系，其在全国海岸带的分布面积不足 16 hm²，目前仅在辽宁、山东、江苏、广东等发现有少量存活（左平 等，2009）。

2）互花米草 *Spartina alterniflora* Loise

多年生草本植物，秆高 1.5~3 m，茎秆粗壮，根系发达。叶长达 60 cm，基部宽 0.5~1.5 cm。圆锥花序由 3~13 个长 3~15 cm、多少直立的穗状花序组成。花期 7—10 月。原产于大西洋沿岸，从加拿大的纽芬兰到墨西哥海岸均有分布。我国于 1979 年从美国引种了互花米草种子及植株，1980 年试种成功，随之广泛推广到广东、福建、浙江、江苏和山东等沿海滩涂上种植。目前统计表明，互花米草在我国的生长面积已达 34 451 hm²（左平 等，2009）。

互花米草原产于美国大西洋沿岸，生长在潮间带，具有耐盐、耐淹的特性，因其促淤造陆和消浪护堤作用显著而被许多国家引种。1979 年南京大学从美国 North Carolina State、Georgia State 和 Florida State 等地引入互花米草，1980 年在福建省罗源湾试种成功，1982 年随即向全国沿海地区推广。互花米草的地下部分包括地下茎和须根。据实地观测，地下茎多横向分布，深度可达 50 cm 以上，根系分布深度可达 1~2 m。这种特性使其成为保滩护岸、促淤造陆的先锋草种。互花米草的扩展包括走茎蔓延和种子育苗两种，在稀疏草滩以走茎蔓延扩展为主，在茂密连片草滩，种子萌发为主。由于互花米草对环境有极强的适应性和耐受能力，再加上其能通过有性繁殖和无性繁殖来快速扩大种群的特点，其蔓延的速度已经超出人们的控制，在我国北至辽宁、南至广西，均已成为盐沼湿地的优势类群。

互花米草改变了当地的自然环境和生态系统，影响了入侵区域的土著物种和迁徙鸟类，造成了生物多样性降低和红树林生态系统退化，也妨碍了沿海的旅游业、水产养殖、水上运输等产业的发展，严重危害到区域生物安全和生态系统稳定。1990年，福建省霞浦县东吾洋一带的水产业就因互花米草入侵所造成的损失就达1 000万元以上。2003年3月，国家环境保护总局和中国科学院联合公布互花米草为我国沿海滩涂最重要的入侵植物，并作为唯一的海岸盐沼植物被列入我国首批的16个恶性入侵物种名单（宫璐 等，

2014）。

广东省珠海市于20世纪80年代在淇澳岛引种了互花米草，初衷是为沿海保堤护岸和作牲畜饲料。但由于互花米草具有根系发达、环境适应能力和繁殖能力强等特点，迅速生长、蔓延，对浅海交通、养殖和滩涂海岸的生态环境和生物多样性造成严重的不良影响。2001年珠海开始在互花米草生长地进行人工种植无瓣海桑，抑制互花米草的生长（管伟 等，2009）。互花米草由于受到光照强度和光照时间等的限制，其生长过程受阻，表现为株高变矮、盖度减少、多度降低、频度较小、茎叶比增加、青干比增大、生物量减少等。当无瓣海桑的郁闭度达到一定程度（70%左右），由于缺乏正常生长所需要的光照强度和光照时间，互花米草几乎无法生长，并逐渐被老鼠簕所取代，从而形成新的无瓣海桑—老鼠簕群落（唐国玲 等，2007）。

4.4　可用于恢复华南海岸带植被的乡土植物

　　严格来说，乡土植物是指在没有人为影响的条件下，经过长期物种选择与演替后，对特定地区生态环境具有高度适应性的自然植物区系的总称。后来，一些从事园林和植物应用的学者提出了"广义的乡土植物"的概念，包括"那些经过长期引种驯化和栽培繁殖，能很好地适应当地气候和地理等自然条件，且不会对地区内其他植物产生侵害的外来归化植物"。虽然这些应用或观赏价值较高的归化植物能丰富当地的植物种类并带来巨大的经济效益，人们却忽视了自然的演化规律，其结果可能给生态环境带来不可估量的损失，并进而为当地生态安全带来长期隐患。

　　乡土植物经过自然进化，已经能很好地适应当地的土壤条件、气候环境，达到了"适地适树"的要求，便于栽种、易于成活、养护成本低廉，因此，广泛使用乡土植物，会大大有利于植物多样性体系的建立，构筑稳定的自然生物群落，形成当地富有生物多样性的顶极生态系统。利用多种乡土植物组合造林，其稳定的群落可提高抗病虫害和抗自然灾害的能力。有研究表明，人工促进恢复和重建近自然乡土阔叶林后，群落的物种丰富度和植物多样性指数有较大提高，森林群落的稳定性也得到提高。

　　广东由于自然环境优越，气候地貌复杂，植物资源种类丰富。据统计，广东有 6 210 多种野生维管植物，这为在林分改造、生态恢复、森林资源和利用及生态规划等项目中对乡土植物资源的利用奠定了良好的基础。根据多年野外调查和研究，我们选择了 166 种适于华南地区海岸带环境的乡土植物，并根据生态位分成三类。第一类为适于陆域丘陵山地植被生态恢复的种类，共 88 种。这类植物大多生长在海岸高潮线以上且海拔较高的山地丘陵地带，抗盐碱性差，为地

带性植被中常见种类，包括了乔木和灌木 69 种、匍匐或攀缘藤本植物 14 种和直立草本植物 5 种。第二类为适于陆域低地河口三角洲、海岸沙地或近海防护林建设的植物，共 44 种。这类植物适合在高潮线以上的陆域生长，抗盐碱性强，可以作为防护林、景观林中的主要树种，包括了 23 种乔灌木和 21 种藤本和草本植物。第三类为适于水域潮间带生长的 14 种红树林植物及 20 种半红树和伴生植物，这些植物耐盐和泌盐结构发达，能适应海岸滩涂的恶劣生境，为良好的红树林植被恢复树种。

4.4.1　适于陆域山地丘陵植被恢复的植物种类

4.4.1.1　乔灌木植物

（1）马尾松 *Pinus massoniana* Lamb. [松科]

　　形态特征：乔木。树皮红褐色，规则鳞状块裂；大枝平展或斜展，树冠宽塔形或伞形，枝条每年生长一轮，但在广东南部则通常生长两轮；冬芽卵状圆柱形或圆柱形，褐色；针叶 2 针一束，稀 3 针一束，长 12~20 cm。球果卵形或圆锥状卵形，有短梗，下垂；种子长卵形，长 4~6 mm，连翅长 2~2.7 cm。花期 4—5 月，果期翌年 10—12 月。

　　产地和分布：福建、广东、广西、香港、澳门、台湾等省区；越南。

　　生物学特性：我国亚热带地区特有的乡土树种，也是我国绿化荒山的先锋树种和重要的用材、造纸、生物质能源树种，目前南方各省区营造马尾松速生丰产用材林和短周期纤维材林的面积大、分布广。阳性树种，耐干旱、瘠薄，不耐庇荫，喜光，喜温。根系发达，主根明显，有根瘤菌。对土壤要求不严格，喜微酸性土壤，怕水涝，不耐盐碱，在石砾土、沙质土、黏土、山脊和阳坡的冲刷薄地上以及陡峭的石山岩缝里都能生长。

　　育苗栽培技术：马尾松主要采用切根育苗和种子

育苗，近年来还开展了组培育苗。研究表明，应用菌根对马尾松育苗可以大大降低苗木的成本，提高苗木的抗病性和抗逆性，减少肥料和农药的使用（廖正乾等，2006）。在营林实践上，营造马尾松与枫香、火力楠混交林比单纯的马尾松林更有利于维持地力和形成稳定的人工林群落（徐小牛 等，1997；范新源，2015）。

病虫害防治：主要病害为赤枯病、松瘤病、松材线虫病、斑点病等，主要虫害为松毛虫、大袋蛾、金龟子、红蜘蛛等。赤枯病用"621"烟剂或含 30% 硫黄粉的"621"烟剂治理，效果良好。松瘤病防治要清除林下栎类杂灌木。松材线虫病是松树的一种毁灭性流行病，松褐天牛是其主要传媒昆虫，致病力强，寄主死亡速度快，一旦发生，治理难度大。斑点病用可杀得或多菌灵防治。松毛虫以生物防治为主，小面积高虫口松毛虫发生区进行化学防治，较好的农药有拟除虫菊酯等。大袋蛾可用敌百虫喷杀。金龟子可用辛硫磷或乐斯本防治。红蜘蛛可用敌敌畏喷杀。

（2）罗汉松 *Podocarpus macrophyllus* (Thunb.) Sw. [罗汉松科]

形态特征：乔木。树皮灰色或灰褐色，浅纵裂，呈薄片状脱落；枝开展或斜展，较密。叶螺旋状着生，条状披针形，先端尖，基部楔形，下面带白色。雄球花穗状，腋生，常 3~5 个簇生于极短的总梗上，长 3~5 cm；雌球花单生于叶腋，有梗。种子卵球形，直径约 1 cm，熟时肉质假种皮紫黑色。花期 4—5 月，果期 8—9 月。

产地和分布：我国长江流域以南各省区。

生物学特性：能吸尘，抗污染，特别是对二氧化硫、二氧化氮等气体抗性较强，是气体污染地区及工厂绿化的优良树种。无论山地、丘陵或平原，只要土地肥沃湿润、质地疏松、排水良好，微酸性的沙壤土均可种植，是重要的绿化树种之一。

育苗和栽培技术：种子育苗、扦插育苗或压条育苗。可随采随播，也可阴干沙藏，但育苗时间较长。扦插育苗可以缩短育苗周期，并能保持母本的优良遗传性状（赵青毅 等，2008；余昌元，2011）。

病虫害防治：主要虫害为黑褐圆盾蚧、红蜘蛛、蚜虫等，可用多杀宝、速杀死等进行防治。主要病害为叶枯病、白粉病、针枯病等，可通过剪除和销毁枯枝及重病叶，并在 4—5 月、8—9 月用代森锰锌、百菌清或波尔多液连续喷洒，白粉病可喷洒粉锈宁等防治（陈少萍，2014）。

（3）降真香 *Acronychia pedunculata* (L.) Miq. [芸香科]

形态特征：乔木。树皮灰白色至灰黄色，剥离时有香气。叶片椭圆形至长圆形。花两性，黄白色。果序下垂，果淡黄色，半透明，近圆球形而略有棱角，顶部平坦，中央微凹陷；种子倒卵形。花期4—8月，果期8—12月。

产地和分布：福建、台湾、广东、香港、澳门、海南、广西等省区；南亚至东南亚。

生物学特性：生于较低丘陵坡地杂木林中，为次生林常见树种之一。树龄为5~15年的降真香为速生前期，在第35年达到成熟，因此，降真香具有早期速生的特点，为优良的造林树种之一（贺立静 等，2003）。

育苗和栽培技术：种子育苗。

（4）红背山麻杆 *Alchornea trewioides* (Benth.) Müll.
Arg. [大戟科]

形态特征：落叶灌木。小枝被灰色微柔毛，后变
无毛。叶薄纸质，阔卵形，顶端急尖或渐尖，基部浅
心形或近截平，边缘疏生具腺小齿；基出脉 3 条。雌
雄异株，雄花序穗状，腋生或生于一年生小枝已落叶
腋部；雌花序总状，顶生。蒴果球形，具 3 圆棱；种
子扁卵状。花期 3—5 月，果期 6—8 月。

产地和分布：福建、广东、广西、海南、香港、
澳门、台湾等省区；泰国、越南、日本（琉球群岛）。

生物学特性：生于中低海拔沿海平原、山地矮灌
丛、疏林下或石灰岩山灌丛中，适应性强，萌发力强，
为华南地区常见树种以及喀斯特地区的先锋树种。

育苗和栽培技术：种子育苗。

（5）银柴 *Aporosa dioica* (Roxb.) Müll. Arg. [叶下珠科]

形态特征：灌木或小乔木。叶椭圆形至长圆状披针形，顶端短尖或钝，基部钝或楔形，近全缘或具疏离的浅波状小齿。雄花序和雌花序均为穗状。蒴果椭球状，长 1~1.4 cm，具种子 2 颗，近卵形。花期 1—6 月，果期 5—7 月。

产地和分布：广东、海南、香港、澳门、广西等省区；南亚至东南亚。

生物学特性：南方地区常见乡土阔叶树种，多见于低海拔丘陵山地次生林内、林缘、灌丛中。对大气污染的抗性较强，可作为营造景观生态林、公益生态林、城市防护林、防火林带的优良树种。

育苗和栽培技术：种子育苗。

病虫害防治：苗期病虫害较少，以预防为主。病害可用甲基托布津、百菌清、多菌灵和硫悬浮剂等防治。蟋蟀、金龟子等危害时可用敌百虫、敌敌畏等防治。

（6）土沉香 *Aquilaria sinensis* (Lour.) Spreng. [瑞香科]

形态特征：乔木。叶革质，圆形、椭圆形至长圆形，有时近倒卵形。花黄绿色，多朵，组成伞形花序。蒴果卵球形，密被黄色短柔毛，2瓣裂，2室，每室具有1颗种子；种子褐色，卵球形，疏被柔毛，基部具有附属体。花期春夏季，果期夏秋季。

产地和分布：福建、广东、海南、广西等省区。

生物学特性：适宜高温多雨、湿热的热带和亚热带气候环境，多生于山地雨林或半常绿季雨林中，常见于低海拔山地、丘陵以及路边向阳处疏林中，喜腐殖质多、土层厚的疏松而湿润的山地黄壤或砖红壤。

育苗和栽培技术：种子育苗、扦插育苗或压条育苗。种子育苗最好在10年生以上的母树采种。扦插基质为营养土或河沙、泥炭土等材料；插穗可选择嫩枝，也可选择老枝。土沉香生长适应性很强，海拔400 m左右湿润向阳的平缓坡段，中性偏酸性的红壤或山地黄壤均可栽植。

病虫害防治：主要病害为枯萎病、炭疽病，主要虫害为卷叶虫。土沉香树干内部会有天牛幼虫的蛀蚀钻坑，可人工捕杀或往粪孔中注射药液防治。金龟子取食叶片，危害花和果实，可用果醋诱杀、人工捕杀或喷洒敌敌畏防治。

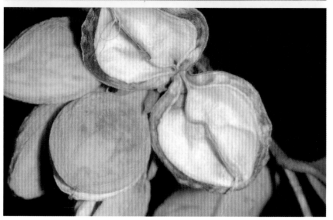

（7）罗伞树 *Ardisia quinquegona* Blume [报春花科]

形态特征：灌木至小乔木。叶片长圆状披针形、椭圆状披针形至倒披针形。聚伞花序或亚伞形花序，腋生；花瓣白色。果扁球形，具 5 钝棱，稀棱不明显。花期 5—6 月，果期 12 月或翌年 2—4 月。

产地和分布：福建、台湾、广东、广西等省区；马来半岛至日本琉球群岛。

生物学特性：在低海拔山坡疏林、密林中或林中溪边阴湿处常见。

育苗和栽培技术：种子育苗。

（8）岗松 *Baeckea frutescens* L. [桃金娘科]

形态特征：灌木至小乔木；嫩枝多分枝。叶小，无柄或有短柄，叶片狭线形或线形。花小，白色，单生于叶腋内；萼管钟状；花瓣圆形；子房 3 室。蒴果小，长约 2 mm；种子扁平，有角。花期 4—5 月，果期 8—9 月。

产地和分布：广东、福建、广西等省区；东南亚。

生物学特性：喜热，耐寒，生于山地、丘陵、台地、沙滩和沼泽地的南向草坡与灌丛中，常与桃金娘、山芝麻、鹧鸪草等植物形成灌草丛群落。岗松对土壤的条件要求不严，是酸性土的指示植物。岗松的抗旱性、抗贫瘠性和萌发再生能力很强，是高丘陡坡侵蚀区的先锋树种之一。其叶表皮光亮，有利于反射强光照和减少蒸腾；根系发达，主根粗长，有利于对水分和养分的吸收、贮存；花果期长，有利于适应恶劣环境下的种子扩繁（李开祥 等，2013）。

育苗和栽培技术：扦插育苗。以黄心土为基质，在夏秋季节采用 200 mg/L 的 IBA（咧哚丁酸）浸泡处理插条，并进行适当的遮阴和保湿处理，能使岗松的平均生根率达到 87% 以上（赵海鹄，2008）。

（9）假杜鹃 *Barleria cristata* L. [爵床科]

形态特征：小灌木。茎被柔毛，有分枝。叶片椭圆形、长椭圆形或卵形，两面被长柔毛。花着生于叶腋，花冠蓝紫色或白色，2 唇形。蒴果长圆形。花期11—12 月。

产地和分布：福建、台湾、广东、海南、广西等省区；中南半岛。

生物学特性：喜湿热，耐干旱、贫瘠，根系发达，在弱碱性、中性及弱酸性土壤中均能良好生长，能适应强日照和稍遮阴，常成片生长于旱山坡、路旁或灌丛中，也可生于干燥草坡或岩石中，常见于海岛或干热河谷地区。

育苗和栽培技术：种子育苗或扦插育苗。

病虫害防治：偶有介壳虫危害，可在若虫爬行期用乐斯本或敌敌畏防治（马书云 等，2006）。

（10）土蜜树 *Bridelia tomentosa* Blume [叶下珠科]

形态特征：小乔木或灌木。叶薄革质，长圆形至卵状长圆形，顶端钝或钝尖，基部阔楔形或钝圆。花雌雄同株，多朵组成腋生的团伞花序。核果近球形，直径约 5 mm，成熟时黑色，果梗短，被柔毛。花果期几乎全年。

产地和分布：福建、台湾、广东、香港、海南、广西等省区；亚洲东南部各国至印度东北部，澳大利亚。

生物学特性：生于平原区、低山区或海岛的次生林或常绿林中或林缘、村旁、灌木林中。适于荒山造林。

育苗和栽培技术：种子育苗。

（11）构树 *Broussonetia papyrifera* (L.) Vent. [桑科]

形态特征：乔木。叶椭圆状卵形，先端渐尖，基部心形，全缘或 3~5 裂，被绒毛；基生叶脉三出。花雌雄异株；雄花序为柔荑花序，花被 4 裂，裂片三角状卵形；雌花序球形头状，苞片棍棒状，顶端被毛，花被管状。聚花果直径 1.5~3 cm，成熟时橙红色，肉质。花期 4—5 月，果期 6—7 月。

产地和分布：我国黄河流域、长江流域和珠江流域；日本、朝鲜、缅甸、印度、泰国、越南、马来西亚。

生物学特性：多生长在山坡、灌丛和次生林边缘中，为强阳性树种，又具有一定的耐阴性，具有速生、适应性强、抗逆性高、易繁殖、轮伐期短、抗污染、耐盐碱、耐干旱、耐瘠薄等特性，其萌芽力和分蘖力强，为优良的速生经济树种，适合用于矿区及荒山坡地造林和绿化，并可在二氧化硫和氯气污染严重的地区种植（魏会琴 等，2008）。

育苗和栽培技术：种子育苗或扦插育苗。用 NAA（萘乙酸）和浓硫酸处理构树种子，可以得到较好的发芽效果（孙永玉 等，2007）。

病虫害防治：煤烟病可用石硫合剂防治，每隔 15 d 喷 1 次，连续 2~3 次。天牛则用敌敌畏或敌百虫毒杀。

（12）鸦胆子 *Brucea javanica* (L.) Merr. [苦木科]

形态特征：灌木或小乔木。全株均被黄色柔毛。小叶 3~15 片，卵形或卵状披针形，边缘有粗齿，两面均被柔毛。花组成圆锥花序，雄花序长 15~40 cm，雌花序长约为雄花序的一半；花暗紫色。核果长卵形，成熟时灰黑色；种仁黄白色，卵形，味极苦。花期夏季，果期 8—10 月。

产地和分布：福建、台湾、广东、广西、海南等省区；亚洲东南部至大洋洲北部。

生物学特性：阳性树种，对土壤适应性强，常见于丘陵及低山地区的山坡灌丛中。

育苗和栽培技术：采集完全变黑成熟的果实，洗净阴干后置于真空或密封保存，使其度过休眠期。种子要用湿沙催芽并用营养袋育苗。育苗地营养土用无病虫源的疏松田园表土，混合腐熟有机肥。也可用组织培养育苗（谢植干，2008）。鸦胆子具有杀虫消炎的作用，已经广泛应用于医药行业，海南省文昌市于 2004 年建立了鸦胆子种植生产基地（李向宏 等，2009）。

病虫害防治：叶斑病可喷洒波尔多液或碱式硫酸铜预防。炭疽病可在始发时用甲基托布津防治，或用炭疽福美、施保功交替防治。根腐病主要危害根茎部，发病初期喷淋甲基硫菌灵或浇灌多菌灵、代森锌等防治。主要虫害为天蛾、粉蝶、叶蛾、黄毛虫等，可用辛硫磷、阿维菌素、敌百虫喷杀（李向宏 等，2009）。

（13）黧蒴 *Castanopsis fissa* (Champ. ex Benth.) Rehd. & Wils. [壳斗科]

形态特征：常绿乔木。芽鳞和嫩叶顶端被红色或黄褐色短柔毛。叶坚纸质，椭圆形至倒卵状椭圆形，顶端短渐尖或圆钝，基部楔形。雄穗状花序直立，组成顶生圆锥花序；雌花另组成穗状花序或与雄花同序。果序长 8~18 cm；壳斗卵圆形或椭圆形；鳞片连成 3~4 个不规则的环。坚果每壳斗 1 颗。

产地和分布：浙江、福建、广东、海南、广西等省区；越南。

生物学特性：较耐干旱、贫瘠，在花岗岩、砂岩、页岩和变质岩发育而成的山地黄壤、红壤和赤红壤土均能生长，以土层深厚、肥沃、湿润为佳。其生长迅速、繁殖容易、萌芽力强、轮伐期短、生物量大、凋落物多、木材易干燥，具有很强的涵养水源、保持水土、改良土壤等生态功能。黧蒴是壳斗科常绿乔木，常生于海拔 200 m 以上的坡地、山谷林中，是亚热带常绿阔叶林的主要树种之一，也是常绿林次生演替的先锋树种之一，常率先进入马尾松林发展成为常绿针阔叶混交林，继而演变为以黧蒴为优势的常绿阔叶林。然而，黧蒴是强阳性常绿树种，在其本身形成的常绿阔叶林中，在自然状况下，通常难以自然更新而较快地被其他常绿树种所取代。

育苗和栽培技术：种子育苗（黄桂萍 等，2006）。在实际应用中，黧蒴栽培生根难已成为限制其推广应用的重要因素之一，但对黧蒴幼苗根系接种菌根的试验表明，感染菌根的黧蒴根系须根数量和地下生物量显著增加，提高了黧蒴栽培的成活率（何立平 等，2010）。

病虫害防治：主要病害为立枯病和根朽病，主要虫害为象鼻虫和天牛。立枯病的防治，应在苗期保持苗床通风，勿施过量氮素，发现病株时，使用绿亨1号灌根。根朽病可用多菌灵淋施。象鼻虫防治，应注意清除越冬幼虫和诱捕成虫，或育苗时用温水浸种，也可用阿维菌素喷杀。天牛防治主要是在幼虫危害期，用药剂熏或用泥封堵虫孔，或用引诱剂诱杀成虫（蔡静如 等，2010）。

（14）红锥 *Castanopsis hystrix* Miq. [壳斗科]

形态特征：常绿乔木。叶薄革质，狭椭圆状披针
形至卵状长圆形，顶端渐尖，基部楔形至阔楔形。雄
花序为穗状，常组成圆锥花序；雌花序穗状，单生于
叶腋；果序长达 12 cm。壳斗球形，全包坚果，连刺
直径 2.5~4 cm，外面密生针刺；坚果每壳斗 1 颗，圆
锥形。花期 4—6 月，果翌年 8—11 月成熟。

产地和分布：广东、海南、广西、福建等省区；
不丹、柬埔寨、印度、老挝、缅甸、尼泊尔、越南。

生物学特性：速生树种，喜温湿气候，不耐干旱，
不耐低温，适生于由花岗岩、沙页岩、变质岩等母岩
发育成的酸性红壤、黄壤、砖红壤上，而不能生长于
石灰岩地区。在土壤深厚、疏松、肥沃、湿润的立地
条件下，生长良好。天然林 5 年生后生长明显加快，
幼年时期耐阴性强，造林时可与马尾松、杉木等营造
混交林。

育苗和栽培技术：种子育苗（吴振基，2003）或扦
插育苗（蒋燚 等，2006）。

病虫害防治：主要病害为根腐病、叶枯病，主要
虫害为尺蠖、金龟子、卷叶螟。根腐病主要发生在苗
前期，可通过控制浇水量或拔出病株，并喷洒波尔多
液、多菌灵等防治。尺蠖、金龟子等可用敌百虫、乐
果等防治。

（15）朴树 *Celtis sinensis* Pers.[榆科]

形态特征：落叶乔木。树皮灰色，不开裂；幼枝密被短柔毛，老枝无毛。叶纸质，卵形或长卵形；基部三出脉在背面明显突起；叶柄被短柔毛；托叶线形，早落。花单生与当年新枝，雄花排成聚伞花序，雌花生于新枝上部叶腋内。核果近球形，直径约 5 mm，成熟时红褐色。花期 3—4 月，果期 9—10 月。

产地和分布：江苏、浙江、福建、广东、广西、香港、澳门等省区。

生物学特性：海岸常见树种，喜光，温暖湿润气候，对土壤要求不严，其主根深，侧根发达，耐旱，抗风，耐盐，常生长在红树林林缘和高潮线以上的滨海沙丘上，可以作为滨海风沙地的防风固沙树种和护堤树种。另外，朴树对二氧化硫、氯等多种有毒气体抗性较强，并具有较强的吸滞粉尘能力，常被用于城市、工厂的行道树。

育苗和栽培技术：种子育苗。种子具有后熟特性，采种后需阴干沙藏，冬播或用湿沙层积到翌年春播。扦插育苗：当年新抽的半木质化的穗条经 200 mg/L NAA 处理后可提高生根率（陈荫孙，2013）。实验表明，朴树以春插较为理想，5 年生母树上穗条扦插生根率高，以"黄心土 + 珍珠岩"配比的基质其扦插生根率较高（蒋小庚 等，2014）。

病虫害防治：主要病害为白粉病、煤烟病、叶斑病，白粉病可用粉锈宁处理，煤烟病可用多菌灵处理，叶斑病需要冬季进行摘除病叶，加强栽培管理，增施肥料。主要虫害为木虱、红蜘蛛，可用乐果等喷杀。

（16）阴香 *Cinnamomum burmannii* (Nees & T. Nees) Blume [樟科]

形态特征：乔木。树皮光滑，灰褐色至黑褐色，内皮红色，味似肉桂。叶互生或近对生，卵圆形、长圆形至披针形，先端短渐尖，基部宽楔形。圆锥花序腋生或近顶生，少花。花绿白色。子房近球形，长约 1.5 mm，略被微柔毛。果卵球形。花期 8—11 月，果期 11 月至翌年 2 月。

产地和分布：江苏、浙江、福建、广东、海南、香港、澳门、广西等省区；印度尼西亚、菲律宾。

生物学特性：生于海拔 100~1 400 m 的疏林、密林或灌丛中或溪边、路旁。阴香具有极强的抗涝性，一年生苗抗旱能力较弱，能耐 -3℃的低温，属于抗寒性较弱的植物。澳门松山的阴香群落是澳门及其周边区域非常具有代表性的南亚热带常绿阔叶林群落，它承载着澳门半岛乡土植物物种库的延续（宋贤利 等，2013）。

育苗和栽培技术：种子育苗。在进行苗木培育时，对幼小的苗木应采取一定的防寒措施，如加盖遮阳网及稻草，这样能有效地为幼苗避寒加温，帮助其顺利过冬。

病虫害防治：阴香粉实病会因病菌不断吸取植株营养，导致植株长势迅速下降，抗逆性严重衰减，最终老化、死亡，而且当粉实病的病原菌发育成熟时，墨绿色的担孢子会大量飘散于空气中，对景观和人们的健康造成一定的影响。因此，每年 2—3 月和 7—8 月应对阴香树上的病果进行修剪，并集中销毁。也可喷洒乙烯利溶液，促进果实成熟脱落，或对幼果喷洒波尔多液保护剂。

（17）樟树 *Cinnamomum camphora* (L.) J. Presl [樟科]

形态特征：常绿大乔木。树皮黄褐色或淡黄褐色，有不规则纵裂纹。叶薄革质，互生，卵状椭圆形或长卵形，先端急尖，基部宽楔形至近圆形。花序有花多朵；花黄白色或黄绿色。果紫黑色，近球形或卵球形，直径 6~8 mm，基果托浅杯状或碟状，边全缘。花期4—5月，果期 8—11月。

产地和分布：我国长江以南各省区；东南亚、欧洲、美洲。

生物学特性：较喜光的中性树种，喜温暖湿润气候，适宜土层深厚、湿润肥沃、呈酸性或中性的沙壤土，生于低海拔地区林内、山坡、沟谷、村旁、路旁等。主根发达，造林定植后能长成强大的根系，根的萌芽力及再生力较强。幼苗和大树嫩梢易受冻害。木材纹理细，耐水湿，有香气，能驱虫，为南方绿化的良好树种。

育苗和栽培技术：种子育苗（董必慧 等，2008）。

病虫害防治：苗期主要虫害为樟叶蜂幼虫、樟蚕幼虫、刺蛾和袋蛾类。樟叶蜂可用氯氟氰菊酯对叶面喷洒，樟蚕幼虫可用乐果对叶片进行喷洒。苗期主要病害为白粉病，可用石硫合剂喷洒（施敏益 等，2005；季荣 等，2006）。

（18）黄樟 *Cinnamomum parthenoxylon* (Jack) Meisn.
[樟科]

形态特征：常绿乔木。树皮暗灰褐色，上部为灰黄色，深纵裂。叶互生，椭圆状卵形或长椭圆状卵形。圆锥花序于枝条上部腋生或近顶生；花小，绿带黄色。果球形，黑色；果托狭长倒锥形。花期 3—5 月，果期 4—10 月。

产地和分布：福建、广东、海南、广西等省区；印度、巴基斯坦、马来西亚、印度尼西亚。

生物学特性：多生于海拔 1 500 m 以下的森林或灌丛中，为优良的速生树种。

育苗和栽培技术：种子育苗。在苗期可进行切根，促进黄樟幼苗侧根生长（赵永丰 等，2007）。为了提高造林成活率，可将幼苗移入营养袋中培育，待苗高 30 cm 以上出圃定植。

病虫害防治：黄樟幼苗病害发生不严重，虫害比较严重的是红蜘蛛、稻飞虱、地老虎、金龟子等。红蜘蛛主要危害幼苗，使叶片变黄、变黑，引起植株生长衰弱，甚至枯死，一般可用三氯杀螨醇防治。地老虎可用甲敌粉拌毒土防治。

（19）黄牛木 *Cratoxylum cochinchinense* (Lour.) Blume
[金丝桃科]

形态特征：落叶灌木或乔木。树皮灰黄色或灰褐色，平滑或有细条纹。叶对生，纸质，椭圆形至长圆形。聚伞花序腋生或腋外生，有花 1~5 朵，花瓣红色。蒴果椭球形；种子倒卵形，基部具爪，一侧具翅，长6~12 mm。花期 3—9 月，果期 5—12 月。

产地和分布：广东、海南、广西等省区；越南、泰国、缅甸、印度尼西亚、斯里兰卡等。

生物学特性：阳性树种，生长慢，但萌芽力强，喜湿润、酸性土壤，生于丘陵、山地的疏林或灌丛中。

育苗和栽培技术：种子育苗或扦插育苗。

（20）假鹰爪 *Desmos chinensis* Lour. [番荔枝科]

形态特征：直立或攀缘灌木。枝皮粗糙，有纵条纹，有灰白色突起的皮孔。叶薄纸质或膜质，长圆形或椭圆形，顶端钝或急尖，基部圆形或稍偏斜。花单朵与叶对生或互生；花瓣 6 枚，黄白色，外轮花瓣比内轮大。成熟心皮念珠状，内有种子 1~7 颗；种子球状。花期夏季至冬季，果期 6 月至翌年春季。

产地和分布：广东、广西、海南、香港、澳门等省区；南亚至东南亚。

生物学特性：喜温湿，不耐寒，喜光，耐阴，对土壤要求不严，耐旱瘠，在酸性至微酸性的红壤、赤红壤和黄壤土或中性的冲积土上均能生长，但以疏松湿润和疏阴的环境生长良好。生于丘陵或台地的山坡疏林灌丛、林缘和旷野路旁，常见于次生林中。

育苗和栽培技术：种子育苗，随采随播，或冬采沙藏至翌年春播，播后约 2 个月发芽。也可以采用扦插育苗或压条育苗，生根成活后移栽的植株，1~2 年便可开花（韩宙 等，2007）。

（21）罗浮柿 *Diospyros morrisiana* Hance [柿科]

形态特征：小乔木。幼枝浅褐色，略被短柔毛，老枝灰褐色，具细条纹，皮孔明显，棕色。叶薄革质，椭圆形或长圆形，先端短渐尖，基部楔形。雄花通常3 朵组成聚伞花序，花冠壶形；雌花通常单生于叶腋，花冠近壶形。果近球形；果萼盘状，4 浅裂，略近方形；种子 2~6 颗，褐色，扁平。花期 5—6 月，果期 10—12 月。

产地和分布：浙江、福建、台湾、广东、海南、广西等省区；越南。

生物学特性：适应性强，生长速度较快，生于山坡、山谷疏林、密林或灌丛中，为一优良的荒山造林和园林绿化树种。

育苗和栽培技术：种子育苗（杨理兵 等，2010）。

（22）坡柳 *Dodonaea viscosa* (L.) Jacq. [无患子科]

形态特征：灌木或小乔木。单叶，纸质，线形至长圆形，顶端短尖、钝或圆，全缘或不明显的浅波状。圆锥或总状花序，顶生或在小枝上部腋生，多花。蒴果倒心形或扁球形，2~3 翅；种皮膜质或纸质，每室 1 颗或 2 颗，透镜状。花期秋末，果期冬末春初。

产地和分布：福建、台湾、广东、香港、广西等省区；世界热带和亚热带地区。

生物学特性：中度耐盐植物，喜光，根系发达，萌生力强，适应性强，耐干热气候和瘠薄土壤，常见于旱山坡、旷地或海边的沙土地，能在石灰岩裸露的荒山生长。有丛生习性，是一种良好的固沙保土树种，适合作海岸防风林和道路坡面绿化树种。

育苗和栽培技术：种皮坚硬，吸水性差，播种前应进行预处理。播种期以 3—4 月为宜，前 3 个月生长缓慢。也可直接用种子点播造林（袁恩贤，2014）。

（23）福建胡颓子 *Elaeagnus oldhamii* Maxim. [胡颓子科]

形态特征：常绿直立灌木，具刺。枝密被褐色或锈色鳞片。叶近革质，倒卵形或倒卵状披针形，顶端圆形或钝圆形，密被鳞片。花淡白色，数花簇生于叶腋极短小枝上成短总状花序；花裂片与萼筒等长或更长。果实卵球形，幼时密被银白色鳞片，成熟时红色。花期 11—12 月，果期翌年 2—3 月。

产地和分布：福建、台湾、广东等省。

生物学特性：喜阳，多生长在沿海地区的山地，耐干旱、瘠薄，对环境适应性强。具根瘤，共生固氮能力强，生长迅速，可作为荒山造林和改良土壤的先锋树种或伴生树种。

育苗和栽培技术：种子育苗、压条育苗、扦插育苗及嫁接育苗等。胡颓子种子休眠期短，采用种子育苗时应随采随播，半月左右可出苗，第 2 年春可将幼苗带土定植。也可用枝条和根段进行扦插育苗。定植时可以农家肥为底肥，栽苗后浇透水。

（24）山杜英 *Elaeocarpus sylvestris* (Lour.) Poir. [杜英科]

形态特征：小乔木。叶纸质，倒卵形或倒披针形。总状花序生于枝顶叶腋内，花序轴纤细，无毛，有时被灰白色短柔毛；花瓣倒卵形，上半部撕裂，裂片 10~12 条，外侧基部有毛。核果细小，椭圆形，长 1~1.2 cm，内果皮薄骨质，有腹缝沟 3 条。花期 4—5 月，果期 6—8 月。

产地和分布：浙江、福建、广东、海南、广西等省区；越南、老挝、泰国。

生物学特性：稍耐阴，喜温暖湿润气候，耐寒性不强，适生于酸性黄壤和红黄壤山区。若在平原栽植，必须排水良好。根系发达，萌芽力强，耐修剪，生长速度中等偏快。对二氧化硫抗性强。生于海拔 350~1 900 m 的常绿林。

育苗和栽培技术：种子育苗或扦插育苗（魏柏松等，2001）。

病虫害防治：苗期主要虫害为铜绿金龟子、蛴螬、地老虎。铜绿金龟子可用敌敌畏毒杀，蛴螬和地老虎等可用敌敌畏浇灌防治。

（25）黄杞 *Engelhardtia roxburghiana* Wall. [胡桃科]

形态特征：半常绿乔木。树皮褐色，深纵裂；全株被橙黄色盾状腺体。偶数羽状复叶，长 12~25 cm；叶片革质，长椭圆状披针形至长椭圆形。花单性，雌雄同株或稀异株；顶端为雌花序，下方为雄花序，或雌雄花序分开，则雌花序单独顶生。果序长 15~25 cm，果实球形或扁球形，坚果状，密生黄褐色腺体。花期 5—7 月，果期 8—10 月。

产地和分布：广东、海南、广西等省区。

生物学特性：喜光，不耐阴，适生于温暖湿润的气候，对土壤要求不严，耐干旱、瘠薄，但以在深厚肥沃的酸性土壤上生长较好。

育苗和栽培技术：种子育苗（陆生利 等，1984）。

（26）米碎花 *Eurya chinensis* R. Br. [山茶科]

形态特征：灌木，多分枝。叶薄革质，倒卵形或倒卵状椭圆形，顶端钝而有微凹或略尖，边缘密生细锯齿。花 1~4 朵簇生于叶腋；花瓣白色，倒卵形。果实球形，成熟时紫黑色。花期 11—12 月，果期翌年 6—7 月。

产地和分布：福建、台湾、广东、广西等省区。

生物学特性：多生于海拔 800 m 以下的低山丘陵山坡灌丛、路边或溪谷河沟灌丛中，抗旱性强。

育苗和栽培技术：种子育苗或扦插育苗。扦插育苗宜在 2 月进行，选用直径为 1 cm 的插穗，用稀释 2 000 倍的生根剂（10% 可溶性粉剂）处理后，在红壤土培养基质上扦插成活率最高（叶耀雄 等，2010）。

（27）栀子 *Gardenia jasminoides* J. Ellis [茜草科]

形态特征：灌木。叶对生，叶形多样，常披针形至椭圆形。花常单朵生于枝顶，白色或乳黄色，高脚碟状。果卵形至长球形，黄色或橙红色，有 5~9 条翅状纵棱，顶部的宿存萼片较长；种子多数，近圆形而稍有棱角。花期 3—7 月，果期 5 月至翌年 2 月。

产地和分布：浙江、福建、台湾、广东、香港、广西、海南等省区；日本、朝鲜及南亚至东南亚，太平洋岛屿，美洲。

生物学特性：生于低海拔的旷野、丘陵、山谷、山坡、溪边的灌丛或林中，适应性强，耐旱，耐寒，耐贫瘠，抗病虫害强，是荒山造林的先锋树种，也是著名的药用植物。

育苗和栽培技术：在春季进行播种育苗，也可用压条育苗或用 ABT 生根粉溶液处理插穗后扦插育苗，还可组培育苗。

病虫害防治：主要病害为炭疽病、叶斑病、煤烟病，可通过清除或摘去病叶或喷洒波尔多液、多菌灵、百菌清或代森锌等防治。主要虫害为柑橘粉虱、网纹绵蚧、日本龟蜡蚧、红蜡蚧、考氏白盾蚧、咖啡透翅天蛾、小灰蝶、霜天蛾、绣线菊蚜等，可喷洒敌百虫、敌敌畏、杀螟松等防治。

（28）毛果算盘子 *Glochidion eriocarpum* Champ. ex Benth. [叶下珠科]

形态特征：灌木。小枝密被淡黄色、扩展的长柔毛。叶片卵形，两面均被长柔毛，下面毛被较密。花单生或 2~4 朵簇生于叶腋内。蒴果扁球状，具 4~5 条纵沟，密被长柔毛，顶端具圆柱状、稍伸长的宿存花柱。花果期几乎全年。

产地和分布：江苏、福建、台湾、广东、海南、广西等省区；越南。

生物学特性：阳性树种，耐贫瘠，为山坡、山谷灌丛中或林缘的常见种。

育苗和栽培技术：种子育苗。

（29）网脉山龙眼 Helicia reticulata W. T. Wang [山龙眼科]

形态特征：灌木或小乔木。树皮灰色。叶革质或近革质，长圆形至倒披针形。总状花序腋生；花成对并生，白色或浅黄色。果椭球状，顶端具短尖，果皮干后革质，黑色。花期 5—7 月，果期 10—12 月。

产地和分布：福建、广东、广西等省区。

生物学特性：偏阴性树种，生于山地湿润常绿阔叶林中。

育苗和栽培技术：种子育苗、播种前用温水浸泡种子。幼苗出土后必须遮阴，以防日灼（胡芳名 等，1962）。

（30）梅叶冬青 *Ilex asprella* (Hook. & Arn.) Champ. ex Benth. [冬青科]

形态特征：落叶灌木。叶在长枝上互生，在短枝上 1~4 片簇生枝顶，顶尾状渐尖，基部钝至近圆形，边缘具锯齿。雄花 2~3 朵花成束或单花生于叶腋或鳞片内；花冠白色，花瓣 4~5 枚；雌花单生于叶腋或鳞片内，花 4~6 基数；花冠辐状，花瓣近圆形。果实黑色，球形；分核 4~6 枚，倒卵状椭圆形。花期 3—5 月，果期 7—10 月。

产地和分布：浙江、福建、台湾、广东、广西等省区；菲律宾。

生物学特性：多生于海拔 1 000 m 以下的山地疏林或路旁灌丛中，性喜高温，全日照或半日照均可。对土壤要求不严，除盐碱地和渍水地外，在肥沃或瘦瘠的地方均可生长，需要荫蔽。

育苗和栽培技术：种子育苗。种子有休眠的现象，一般沙藏 270 d 后发芽率最高，但赤霉素可促进种子的萌发（曾庆钱 等，2012）。适宜在疏松、排水良好的沙质壤土种植。

（31）枫香 *Liquidambar formosana* Hance [金缕梅科]

形态特征：落叶乔木。树皮灰褐色，方块状剥落。叶薄革质，阔卵形，掌状 3 裂，中央裂片较长，先端尾状渐尖。雄性短穗状花序常多个排成总状，雌性头状花序有花 24~43 朵。头状果序圆球形，木质，直径 3~4 cm；蒴果下半部藏于花序轴内，有宿存花柱及针刺状萼齿；种子多数，褐色，多角形或有窄翅。花期 3—4 月。

产地和分布：我国黄河中下游以南至华南和西南地区；越南。

生物学特性：喜温湿，喜光，耐干旱、贫瘠，不耐水涝，不耐寒，多生于村落附近及低山，在湿润肥沃而深厚的红黄壤土上生长良好。其萌生力极强，生长迅速，耐火烧，采伐迹地能天然更新恢复成林，落叶量大，是改善林地土壤和肥力状况的理想树种，属典型的"荒山绿化先锋"树种。在造林中，常与马尾松、杉木针阔混交造林。种子有隔年发芽的习性。

育苗和栽培技术：种子育苗（黄万和，2005）或扦插育苗（张勇 等，2013）。枫香萌发力强，在砍去的树桩周围，将土翻挖一遍，春秋季节均可萌发出许多萌芽条，随时随地都可以分株定植。

病虫害防治：幼苗适应能力强，虫害少，病害可用百菌清、多菌灵等防治。

（32）山苍子 *Litsea cubeba* (Lour.) Pers. [樟科]

形态特征：落叶灌木或小乔木。叶互生，披针形或长圆形，先端渐尖，基部楔形。伞形花序单生或簇生，总梗细长，花被裂片黄色。果近球形，幼时绿色，成熟时黑色。花期 1—4 月，果期 5—8 月。

产地和分布：我国华南、中南、华东及西南地区；东南亚。

生物学特性：喜温湿的环境，主要生长在阳坡、采伐迹地、火烧迹地、荒山灌丛和稀疏林中，可耐 -12℃低温，适与杉木、油桐、油茶、松树等混交种植，为我国南方重要香料和生物质能源树种。

育苗和栽培技术：种子不耐贮藏，发芽率易丧失，同时种皮内含有抑制种子萌发的成分，因此发芽前要用草木灰揉搓或用 H_2O_2 浸种以去除抑制物质，提高其发芽率。扦插育苗的插条应从根颈部位采集（陈卫军等，2004）。山苍子芽适合用作快速繁殖材料。在造林方面，可以采取直播造林、苗木造林、扦插造林或人工促进天然山苍子林更新。

病虫害防治：山苍子病害少，主要虫害为红蜘蛛、卷叶虫，红蜘蛛可用三氯杀螨醇防治，卷叶虫可人工摘除或用敌敌畏防治。

（33）潺槁树 Litsea glutinosa (Lour.) C. B. Rob. [樟科]

形态特征：常绿乔木。树皮灰色或灰褐色。叶革质，互生，倒卵形至椭圆状披针形，先端钝或圆，基部楔形、钝或近圆形。花序有花数朵，于小枝上部腋生，单生或几个聚生于短枝上。果球形。花期5—6月，果期9—10月。

产地和分布：福建、广东、海南、香港、广西等省区；越南、菲律宾、印度。

生物学特性：典型的海岛植物，喜生于阳光充足、气候温暖湿润的环境中生长，耐干旱、瘠薄，不抗寒，对土质要求不严格，抗风，常见于疏林、灌丛及海边地带，能生长于潮水不可淹及的沙质海岸或基岩海岸，适合在沿海防护林或者石山地区等贫瘠土地造林。树性强健，分枝茂密，树姿优美，为南亚热带至热带地区优良的乡土树种。

育苗和栽培技术：幼苗尤其容易受冻害，直到长大后抗寒性才逐渐增强。常于春末秋初用当年生粗壮枝条作为插穗进行嫩枝扦插，或于早春用2年生的枝条进行老枝扦插。

（34）豺皮樟 *Litsea rotundifolia* Hemsl. var. *oblongifolia* (Nees) Allen [樟科]

形态特征：常绿灌木或小乔木。树皮灰褐色。叶互生，倒卵状长圆形，先端钝或短渐尖，基部楔形或钝。花单性，雌雄异株；伞形花序腋生，苞片早落。果实近球形，初时红色，熟时黑色。花期 8—9 月，果期 9—11 月。

产地和分布：福建、台湾、广东、海南、广西等省区；越南。

生物学特性：生于丘陵、山地下部的灌木林中。

育苗和栽培技术：种子育苗。

（35）血桐 *Macaranga tanarius* (L.) Müll. Arg. var.
tomentosa (Blume) Müll. Arg. [大戟科]

形态特征：乔木。嫩枝、嫩叶、托叶均被黄褐色柔毛或有时嫩叶无毛。叶纸质或薄纸质，近圆形或卵圆形，顶端渐尖，基部钝圆，下面具颗粒状腺体。雄花序和雌花序均为圆锥状。蒴果具 2~3 个分果爿，密生颗粒状腺体，具数条长软刺。花期 4—5 月，果期6—8 月。

产地和分布：广东、台湾、香港等省区；日本（琉球群岛），南亚至东南亚，澳大利亚。

生物学特性：喜温湿气候，抗风，耐盐碱，抗大气污染，生活力甚强，是速生树种，多用于沿海地区行道树或渔村宅旁遮阴树，野外常生于沿海低山灌木林或次生林中。

育苗和栽培技术：种子育苗。

（36）华润楠 *Machilus chinensis* (Champ. ex Benth.)
Hemsl. [樟科]

形态特征：乔木。叶革质，倒卵状长椭圆形至长椭圆状倒披针形，先端钝或短渐尖，基部狭，干时背面稍粉绿色或褐黄色。花序顶生；花白色；花被裂片长椭圆状披针形，外面被微柔毛，内面或内面基部有毛。果球形，直径 8~10 mm。花期 10—11 月，果期 12 月至翌年 2 月。

产地和分布：广东、海南、广西等省区；越南。

生物学特性：生长速度快，树干挺拔，多见于低海拔地区山坡疏林、矮林或灌丛中，是优良的生态造林树种，被广东省林业厅列为重要的造林树种。

育苗和栽培技术：种子育苗（杨海东 等，2011a）或扦插育苗（杨海东 等，2011b）。

病虫害防治：苗圃地可用高锰酸钾、硫酸亚铁等进行土壤消毒，消除病原菌及地下虫害。苗木管理期间可喷洒波尔多液等防治病害（李莉 等，2011）。

（37）短序润楠 *Machilus breviflora* (Benth.) Hemsl. [樟科]

形态特征：乔木。树皮灰褐色。芽卵形，芽鳞有绒毛。叶革质，略聚生于小枝先端，倒卵形至倒卵状披针形。圆锥花序顶生；花绿白色。果球形。花期 7—8 月，果期 10—12 月。

产地和分布：广东、海南、广西、香港等省区。

生物学特性：生于山地或山谷阔叶混交疏林中，或生于溪边，是华南地区的乡土树种。在 0.2% 盐分胁迫下生长良好，不但可以在园林绿化中作行道树和庭院风景树，还可以作海滨绿化树种。

育苗和栽培技术：种子育苗时，土壤保湿贮藏可提高种子萌发力（杨丽洲 等，2010）。不同光照条件对短序润楠苗木的生长有较大影响。

（38）浙江润楠 *Machilus chekiangensis* S. K. Lee [樟科]

形态特征：乔木。枝褐色，具纵裂唇形皮孔；小枝基部留有芽鳞痕。叶常聚生于小枝顶端，革质，倒披针形，顶部短尾状渐尖至尾尖，常镰状弯曲，基部楔形。花两性，细小，于小枝条基部聚生成圆锥花序。果序生于当年生枝基部；果球形，核果，成熟时黑色。花期 12 月至翌年 1 月，果期 6 月。

产地和分布：浙江、福建、广东、香港等省区。

生物学特性：喜生于温暖而潮湿的环境，山谷或河边等地较为常见，要求土层深厚、腐殖质含量高、排水良好、土质疏松、湿润、富含有机质的中性或微酸壤土或沙壤土，能在盐碱量中等（不大于 0.2%）的土地上正常生长，表现出较强的抗盐能力，是优良的荒山绿化树种（李胜强 等，2010）。

育苗和栽培技术：种子育苗或扦插育苗（林雄平等，2012）。浙江润楠造林后，前期生长缓慢，在前 5 年内每年抚育两次。

（39）白背叶 *Mallotus apelta* (Lour.) Müll. Arg. [大戟科]

形态特征：灌木或小乔木。小枝、叶柄和花序均密被淡黄色星状柔毛和散生橙黄色颗粒状腺体。叶互生，卵形或阔卵形。花序总状；花雌雄异株，雄花序为开展的圆锥花序或穗状；雌花序穗状。蒴果近球形，密生被灰白色星状毛的软刺；种子近球形。花期6—9月，果期8—11月。

产地和分布：福建、广东、海南、广西等省区；越南。

生物学特性：喜高温、湿润的气候，耐干旱、贫瘠，生于山坡或山谷灌丛中。

育苗和栽培技术：种子育苗或扦插育苗。

（40）白楸 *Mallotus paniculatus* (Lam.) Müll. Arg. [大戟科]

形态特征：乔木或灌木。树皮灰褐色，近平滑。叶互生，卵形、卵状三角形或菱形；基出脉 5 条，基部近叶柄处具斑状腺体 2 个。总状花序或圆锥花序；花雌雄异株。蒴果扁球形，具 3 个分果爿，被褐色星状绒毛和疏生钻形软刺，具毛；种子近球形，深褐色，常具皱纹。花期 7—10 月，果期 11—12 月。

产地和分布：福建、台湾、广东、广西、海南等省区；东南亚。

生物学特性：速生树种，生于海拔林缘或灌丛中，其树形优美，种子丰富，是一种生态价值高和景观效果好的优良生态林树种，也是适于荒山绿化的先锋树种。

育苗和栽培技术：种子育苗。

（41）野牡丹 *Melastoma malabathricum* L. [野牡丹科]

形态特征：灌木，分枝多。茎枝密被紧贴的鳞片状糙伏毛，毛扁平，边缘流苏状。叶厚纸质，卵形或宽卵形，顶端急尖，基部浅心形或近圆形。伞房花序顶生，有花 3~5 朵；花瓣玫瑰红色或粉红色，倒卵形，顶端圆形，密被缘毛。蒴果卵球形，藏于杯状的花萼筒中，萼筒外密被鳞片状糙伏毛；种子镶于肉质胎座内。花期 5—7 月，果期 10—12 月。

产地和分布：我国长江流域以南各省区；越南。

生物学特性：喜阴，耐瘠薄，稍耐旱，萌枝力强，为酸性土指示植物，具有很好的抗病虫害能力，常生于旷野山坡和灌丛林中或疏林下，以向阳、疏松而含腐殖质多的土壤栽培为好。

育苗和栽培技术：种子育苗或扦插育苗（唐行，2000；宋小军 等，2007），也可进行组培育苗（马国华 等，2000）。

病虫害防治：抗逆性强，较少感染病害，因此在生长期，每月喷洒一次杀菌剂即可对病害起到预防作用。

（42）毛菍 *Melastoma sanguineum* Sims［野牡丹科］

形态特征：大灌木。茎、小枝、叶柄、花梗及花萼均被平展的长粗毛。叶片厚纸质，卵状披针形至披针形，顶端长渐尖或渐尖，基部钝或圆形。伞房花序，顶生，常有花 1~5 朵。蒴果杯状球形，为宿存萼所包；宿存萼密被红色长硬毛。花果期 8—10 月。

产地和分布：福建、广东、广西等省区；南亚至东南亚。

生物学特性：常见于山坡、沟边湿润的草丛或矮灌丛中。

育苗和栽培技术：种子育苗时，用 GA（赤霉素）350 mg /L+6-BA（6- 苄基腺嘌呤）5 mg/L 溶液处理种子，能显著提高种子的萌发率。采用扦插生根与水培生根能在最短时间内得到幼苗。还可进行组培育苗（何长信 等，2009；伍成厚 等，2014）。

（43）三桠苦 *Melicope pteleifolia* (Champ. ex Benth.) T. G. Hartley [芸香科]

形态特征：乔木。树皮灰色，光滑。叶常为 3 小叶，油点多。伞房状圆锥花序腋生，常兼顶生；花瓣淡黄色或白色，两性，常有透明油点，干后油点变暗褐色至褐黑色。果淡茶褐色到红褐色，散生肉眼可见的透明油点，每分果瓣有 1 颗种子；种子近球形，直径约 3 mm，蓝黑色，有光泽。花期 4—5 月，果期 8—9 月。

产地和分布：福建、台湾、广东、海南、广西等省区；越南、老挝、泰国等。

生物学特性：常生于低海拔山地中阴湿的地方，阳坡灌丛中偶有生长，为海岸带植被中的常见建群种。

育苗和栽培技术：种子育苗或扦插育苗。

（44）醉香含笑 *Michelia macclurei* Dandy [木兰科]

形态特征：乔木。树皮灰白色；芽、嫩枝、叶柄、托叶及花梗均被紧贴而有光泽的红褐色短绒毛。叶革质，倒卵形至长圆状椭圆形，先端短急尖或渐尖，基部楔形或宽楔形。聚伞花序，有花 2~3 朵；花被片白色，匙状倒卵形或倒披针形。聚合果长 3~7 cm；蓇葖果长圆球形、倒卵状或倒卵状球形，顶端圆；种子1~3 颗，扁卵圆形。花期 3—4 月，果期 9—11 月。

产地和分布：广东、海南、广西等省区；越南。

生物学特性：喜温暖湿润的气候，喜光，稍耐阴，喜土层深厚的酸性土壤。耐旱，耐瘠，耐寒，萌芽力强，容易繁殖，具有一定的耐阴性和抗风能力。侧根发达，生长迅速，寿命长，病虫害少，成林具有一定的抗火能力，是一个优良的防火树种。醉香含笑可与杉木、马尾松、木荷等进行混交造林，对改造低产林十分有效，是理想的速生、丰产造林树种。

育苗和栽培技术：种子育苗（吴彩新，2013）。研究表明，用 AM 菌根接种醉香含笑的苗木，对其树高和苗木保存率有显著提高（李国标 等，2006）。

病虫害防治：主要病害为根腐病、茎腐病和藻斑病，主要虫害为蚜虫、潜叶蛾、天牛等，雨季要注意排涝并定期喷杀菌剂（黄德林，2010）。土壤缺乏铁元素时，会导致黄叶病，可对土壤进行改良，适当补充可溶性铁，或增施有机肥等以改变土壤理化性质，释放其中被固定的铁。

（45）深山含笑 *Michelia maudiae* Dunn [木兰科]

形态特征：常绿乔木。树皮薄，浅灰色或灰褐色，平滑不裂；芽、嫩枝、叶下面及苞片均被白粉。叶互生，革质，长圆状椭圆形，先端骤狭短渐尖或短渐尖而尖头钝，基部楔形、阔楔形或近圆钝。花芳香，花被片 9 片，纯白色，基部稍呈淡红色，外轮的倒卵形，顶端具短急尖，基部具长约 1 cm 的爪，内两轮则渐狭小。聚合果长 7~15 cm，蓇葖果长球形、倒卵形、卵形；种子斜卵形，红色，稍扁。花期 2—3 月，果期 9—10 月。

产地和分布：浙江、福建、广东、广西等省区。

生物学特性：生长快，抗寒性好，苗期能适应 -7℃的自然低温。适应性强，繁殖容易，病虫害少，是一种速生常绿阔叶用材树种。

育苗和栽培技术：种子育苗时要注意适时采种、破皮和遮阴处理，在苗期要加强水肥管理及病虫害防治（张文婷 等，2010）。扦插育苗时以 2 年生母树枝条最好（朱惜晨 等，2005）。

病虫害防治：根腐病、茎腐病、炭疽病防治，应及时拔除病苗集中烧毁，或用硫酸亚铁或多菌灵进行土壤消毒。蛴螬、地老虎等地下害虫可用敌百虫和马拉硫磷灌浇防治。介壳虫可用马拉硫磷、乐果或亚胺硫磷防治。凤蝶可用敌百虫和马拉硫磷防治。

（46）破布叶 *Microcos paniculata* L. [锦葵科]

形态特征：灌木或小乔木。叶薄革质，卵状长圆形，先端渐尖，基部圆形，三出脉的两侧脉从基部发出，边缘有细钝齿。顶生圆锥花序；花瓣长圆形。核果近球形或倒卵形。花期 6—7 月，果期 8—10 月。

产地和分布：广东、广西等省区；印度、印度尼西亚。

生物学特性：适合在湿热的气候下生长，常见于丘陵、山坡灌丛中或平地路旁。两广地区民间习用药材，布渣叶应用广泛，历史悠久。

育苗和栽培技术：种子育苗。

（47）壳菜果 *Mytilaria laosensis* Lecomte [金缕梅科]

形态特征：常绿乔木。小枝粗壮，无毛，节膨大，有环状托叶痕。叶革质，阔卵圆形。肉穗状花序顶生或腋生；花多数，紧密排列在花序轴；花瓣带状舌形，白色。蒴果长 1.5~2 cm，外果皮厚；种子长约 1 cm，褐色，有光泽，种脐白色。花期 4—5 月，果期 9—11 月。

产地和分布：广东、海南、广西等省区；越南、老挝。

生物学特性：中性偏阳性树种，喜暖热、干湿季分明的热带季雨林气候，抗热，耐干旱，耐火烧，适生于深厚湿润、排水良好的山腰与山谷阴坡、半阴坡地带，以砂岩、砂页岩、花岗岩等发育成的酸性、微酸性红壤为宜。萌芽性强，生长迅速，抗病性强，枯叶层厚，可有效改良土壤，是我国南方速生用材树种，可作为华南、西南地区改造山地、营造防火林带的首选树种（庄万清，1996）。

育苗和栽培技术：种子育苗，但不要用钙质土作为基质；也可进行组培育苗（裘珍飞 等，2013）。可用一年生裸根苗造林，并与杉木、红锥等营造混交林。

病虫害防治：主要病害为球毡病、角斑病及炭疽病，可用三氯杀螨醇、甲基托布津、多菌灵、甲菌清、波尔多液等防治。主要虫害为刺蛾、袋蛾和叶甲，可用敌百虫等喷杀，也可用灯光诱杀。

苗（张守英 等，2002）。

病虫害防治：苗期主要虫害为蚜虫和毛虫等，可用敌百虫等防治。

（48）余甘子 *Phyllanthus emblica* L. [叶下珠科]

形态特征：落叶乔木或灌木。叶革质，椭圆形或线状长圆形，顶端钝，具锐尖头或急尖，基部浅心形或钝圆。花 3~7 朵簇生于叶腋，其中一朵为雌花。核果稍扁球形，直径 1~2 cm，成熟时浅青黄色，外果皮肉质，内果皮硬壳质。花期 1—4 月，果期 7—12 月。

产地和分布：福建、广东、海南、广西等省区；印度、亚洲东南部及世界其他热带地区。

生物学特性：喜光，耐干旱，根系发达，萌芽力强，主根深，侧根广，蓄水力强，固土作用好，对土壤条件要求不高，在较贫瘠的土壤中也能生长，生于海滨或低山坡地或干燥稀树山冈，是荒山绿化的先锋树种，因此对防止水土流失，改善生态环境具有积极作用。

育苗和栽培技术：种子育苗，但其种皮坚硬、外层裹有蜡质，不易吸水膨胀，所以播种前需要浸种（余婉芳，2007）。也可用压苗或萌蘖成苗的方式（王开良 等，2003），或采用嫁接育苗。还可进行组培育

（49）白花丹 *Plumbago zeylanica* L. [白花丹科]

形态特征：常绿亚灌木，多分枝。叶常卵形至卵状长圆形，先端渐尖或急尖，下部宽楔形后渐狭成柄。穗状花序顶生或腋生，长有分枝；花序轴上有腺体；花冠白色或稍带蓝色。蒴果长圆球形。花期 10 月至翌年 3 月，果期 12 月至翌年 4 月。

产地和分布：福建、广东、海南等省区；东南亚。

生物学特性：适宜温暖湿润气候，不耐寒，常生于气候炎热的地区，多见于阴湿的小沟边或村边路旁旷地，对土壤要求不严格，以土层深厚、肥沃、疏松、黏性大的土壤较好，易于栽培。

育苗和栽培技术：种子育苗。

（50）大头茶 *Polyspora axillaris* (Roxb. ex Ker Gawl.)
Sweet ex G. Don [山茶科]

形态特征：乔木。叶革质，倒披针形，先端圆钝
或有轻微凹缺，基部楔形下延。花单生小枝上部叶腋，
白色，直径 6~10 cm；花瓣 5 枚，倒卵形，先端凹入。
蒴果圆柱形；种子具翅。花期 10 月至翌年 1 月。

产地和分布：福建、台湾、广东、香港、海南、
广西等省区；中南半岛。

生物学特性：常绿树种，喜温暖湿润气候及富含
腐殖质的酸性壤土，在土层深厚、肥力中等的山地能
较快生长，在表土贫瘠、腐殖质层较薄和常受强风影
响的山地上也能正常生长，可作为造林的先锋树种，
是一个适应性强，造林成活率高，具有良好社会效益、
经济效益和生态效益的乡土树种（庄晋谋 等，2007）。

育苗和栽培技术：种子育苗或扦插育苗。在人为
控制条件下，一年四季均可扦插。在自然条件下，以
春秋两季扦插为宜。造林方式分为实生苗造林和插条
造林，以实生苗造林效果最好。

病虫害防治：幼苗在阴雨季节常发生枯斑病，可
以撒生石灰、多菌灵防治。

（51）九节 *Psychotria asiatica* L. [茜草科]

形态特征：灌木。叶对生，顶端渐尖或急尖，基部楔形。聚伞花序常顶生，无毛或稀被短柔毛，多花；总花梗极短，常成伞房状或圆锥状；花冠白色，花冠裂片近三角形，与冠管近等长，开放时反折。核果红色，球形或宽椭圆形，有纵棱；小核背面突起，具纵棱，腹面平而光滑。花果期几乎全年。

产地和分布：福建、台湾、广东、香港、海南、广西等省区；日本及南亚至东南亚各国。

生物学特性：林下耐阴种类，多生于平地、丘陵、山地、山谷溪边的灌丛或林中。

育苗和栽培技术：种子育苗或扦插育苗。

（52）翻白叶树 *Pterospermum heterophyllum* Hance [锦葵科]

形态特征：乔木。叶二型，幼树或萌蘖枝上的叶盾形，成年树上的叶长圆形至卵状长圆形。花单生或 2~4 朵组成腋生的聚伞花序；花青白色。蒴果木质，长卵形，被黄褐色绒毛；种子具膜质翅。花期 6 月，果期 9—10 月。

产地和分布：福建、台湾、广东、海南、广西等省区。

生物学特性：生于低海拔的沙质土山坡、平原、丘陵地疏林或密林中。

育苗和栽培技术：种子育苗或扦插育苗。扦插育苗时用 IBA 和 NAA 混合生长素处理插穗可提高成活率。

（53）车轮梅 *Rhaphiolepis indica* (L.) Lindl. [蔷薇科]

形态特征：常绿灌木。幼枝初被褐色绒毛。叶片常集生于枝顶，卵形、长圆形，稀倒卵形或长圆状披针形。圆锥花序或总状花序，顶生；花瓣白色或淡红色，倒卵形或披针形，先端圆钝，基部具柔毛。果实球形，紫黑色。花期2—4月，果期7—8月。

产地和分布：浙江、福建、台湾、广东、广西等省区；日本、老挝、越南、柬埔寨、泰国、印度尼西亚。

生物学特性：常生于山坡、路边或溪边灌木林中。耐阴，喜温暖、湿润环境，适应性强，耐盐，耐贫瘠，在微酸性、中性和微碱性土壤中均可生长。

育苗和栽培技术：种子育苗（唐行，2000）或扦插育苗（周正宝 等，2014）。

（54）桃金娘 *Rhodomyrtus tomentosa* (Ait.) Hassk. [桃金娘科]

形态特征：灌木。嫩枝有灰白色柔毛。叶对生，革质，叶片椭圆形或倒卵形，先端圆或钝。花常单生，紫红色；花瓣 5 枚，倒卵形。浆果卵状壶形，熟时紫黑色；种子每室 2 列。花期 4—5 月，果期 7—9 月。

产地和分布：福建、台湾、广东、广西等省区；日本、菲律宾、印度、斯里兰卡、马来西亚和印度尼西亚。

生物学特性：喜高温、高湿、光照充足的环境，多见于丘陵坡地，喜酸性土壤，生长地的土壤 pH 为 4.0~5.0，为酸性土指示植物，土层深厚、微酸性、排水性良好的红壤和黄壤丘陵坡地最适宜生长；能耐瘦瘠，可在荒土坡地种植。

育苗和栽培技术：种子育苗时，用金属离子处理会促进种子发芽（刘连海 等，2013）；扦插育苗时，以糠炭为基质，用 ABT 生根粉处理 2 h，可提高生根率（杨治国，2005）。

（55）盐肤木 *Rhus chinensis* Mill. [漆树科]

形态特征：灌木或小乔木。小枝棕褐色，被锈色柔毛，具圆形小皮孔。奇数羽状复叶有小叶 7~13 片，叶轴有时具翅，小叶自下而上逐渐增大，叶轴和叶柄密被锈色柔毛。圆锥花序顶生，雄花序长 30~40 cm，雌花序较短，密被锈色柔毛。核果球形，扁球形，成熟时红色；种子直径 3~4 mm。花期 8—9 月，果期 10 月。

产地和分布：我国除黑龙江、辽宁、吉林、内蒙古和新疆外，其他省区均有；朝鲜、日本、印度、马来西亚、印度尼西亚。

生物学特性：喜光，对土壤适应性强，在酸性、中性、石灰性及瘠薄干燥的沙砾地上都能生长，不耐水湿，能耐寒和干旱，具深根性、萌蘖性强、生长快等特点，是重要的造林及园林绿化树种。常见于山坡、向阳山坡、沟谷、溪边的疏林或灌丛中，为优良的野生护坡植物。

育苗和栽培技术：种子育苗，但种子硬实，表面具蜡质和油脂，导致透水性差，因此播种前要进行催芽处理。在春季要先用 60~70℃ 水浸泡 4 h 后洗净，再用常温水浸种 24 h，或直接用 98% 的浓硫酸浸泡 90~105 min，再用流水将种子冲洗干净后在室温下用冷水浸种 24 h；在秋季要用浓度 1%~3% 的 70℃ 温碱水浸泡 6 h，再用 40℃ 温水浸泡 24 h，然后晒干后播种或直接播种（张丽艳 等，2010）。此外，光照可影响种子的发芽率（王琼 等，2008）。

病虫害防治：主要病害为炭疽病、黑斑病、叶斑病，可用代森锰锌或多菌灵防治。主要虫害为宽肩象天牛、食叶象、银纹夜蛾、菜青虫，可人工捕杀，或用杀螟松、乐果或敌敌畏防治。

（56）鸭脚木 *Schefflera heptaphylla* (L.) Frodin [五加科]

形态特征：常绿乔木、小乔木或灌木。树皮灰白色。掌状复叶，叶柄长 15~30 cm，小叶 6~10 片生于叶柄顶部，椭圆形或倒卵状椭圆形，先端尖或短渐尖，基部楔形或宽楔形。伞形花序，密被星状毛；花小，白色，有香气。浆果球形，成熟时呈暗紫色。花期 11—12 月，果期 12 月至翌年 1 月。

产地和分布：我国长江以南各省区；日本、越南、印度。

生物学特性：对光照的适应性较广，喜温暖湿润环境，其生长适温为 16~27℃。喜深厚、肥沃、疏松、排水良好的酸性土壤，亦能稍耐瘠薄。在空气湿度大、土壤水分充足的立地，茎叶生长茂盛，我国南方分布较广，是天然次生林的一个重要组成树种和重要的蜜源植物。

育苗和栽培技术：种子在自然状态下容易丧失活力，一般采用随采随播。以沙壤土或者沙土混合基质播种，播后约 15 d 开始芽苗出土，期间要注意保温、保湿，注意水肥管理。扦插枝条用萘乙酸和吲哚丁酸为主要成分的"根旺"浸泡处理可促进生根（张卫国等，2007）。也可组织培养（李燕 等，2004）。

病虫害防治：病害主要发生在苗期，为叶斑病和炭疽病等真菌病害。发芽结束或新梢抽出时可每 10~15 d 喷洒波尔多液加以预防，发病时可交替使用百菌清、代森铵、炭疽福美、多菌灵等。主要虫害为介壳虫，常发生在叶背，刺吸叶片汁液，严重时会转为煤烟病，可用万灵喷杀。红蜘蛛、蓟马及潜叶蛾等危害叶片时，可用二氯苯醚菊酯或三氯杀螨醇喷杀。

（57）木荷 *Schima superba* Gardn. & Champ. [山茶科]

形态特征：大乔木。嫩枝通常无毛。叶革质或薄革质，椭圆形，先端尖锐，有时略钝，基部楔形。总状花序，生于枝顶叶腋；花白色，花瓣长 1~1.5 cm，最外一片风帽状，边缘多少有毛。蒴果球形。花期 6—8 月，果期 8—10 月。

产地和分布：福建、台湾、广东、海南、广西等省区。

生物学特性：喜光，幼年稍耐庇荫，对土壤适应性较强，酸性土如红壤、红黄壤、黄壤上均可生长，耐干旱、瘠薄，在肥厚、湿润、疏松的沙壤土生长良好。萌芽力强，易在天然环境中进行自我更新。树皮含单宁，耐火性强，为华南地区常用的防火树种（田晓瑞 等，2001）。

育苗和栽培技术：种子育苗为主，也可扦插育苗或嫁接育苗（张汉永 等，2015）。一年生苗高 30~50 cm 即可出圃造林。木荷多用于营造防火林带，宜在早春进行造林（何启梅，2011）。

病虫害防治：褐斑病危害严重，病原菌主要侵害当年生的秋梢嫩叶，亦可入侵前年的老叶，春梢少受其害，可通过改善营林措施或采用化学防治防控。

（58）羊角拗 *Strophanthus divaricatus* (Lour.) Hook .
& Arn. [夹竹桃科]

形态特征：灌木。小枝圆柱形，密被灰白色圆形
的皮孔。叶薄纸质，椭圆状长圆形或椭圆形。聚伞花
序顶生，通常着花 3 朵；花黄色；花冠漏斗状，花冠
筒淡黄色。蓇葖果叉开，木质，长椭球形，具纵条纹；
种子纺锤形、扁平；种毛具光泽。花期 3—7 月，果期
6 月至翌年 2 月。

产地和分布：福建、广东、香港、广西等省区；
越南、老挝。

生物学特性：野生于丘陵山地、路旁疏林中或山
坡灌丛中，适宜于热带、南亚热带气候，不耐霜冻，
以微酸性肥沃的沙壤土为宜。

育苗和栽培技术：种子育苗或扦插育苗。

（59）香蒲桃 *Syzygium odoratum* (Lour.) DC. [桃金娘科]

形态特征：乔木。叶革质，卵状披针形或卵状长圆形，顶端尾状渐尖，基部钝或阔楔形。圆锥花序顶生及腋生，长 2~4 cm；花瓣联合成帽状。果球形，直径 6~7 mm，略有白粉。花期 5—6 月，果期 7—9 月。

产地和分布：广东、香港、海南、广西等省区；越南。

生物学特性：喜暖热气候，属热带树种，生育温度 23~32℃。喜光，稍耐阴。喜深厚、肥沃、湿润的酸性土壤，多生于水边及河谷湿地，但亦能生长于沙地。深圳大鹏半岛有一片天然的香蒲桃群落。

育苗和栽培技术：种子育苗或扦插育苗。

（60）野漆树 *Toxicodendron succedaneum* (L.) O. Kuntze [漆树科]

形态特征：灌木或小乔木。叶聚生于枝顶，奇数羽状复叶，互生，有小叶 7~13 片；小叶对生或近对生，坚纸质至薄革质，椭圆状或卵状披针形，叶背常具白粉。圆锥花序长，腋生，长 5~15 cm；花黄绿色。核果，扁而歪斜，宽 6~8 mm，外果皮薄，无毛，中果皮厚，蜡质，白色；核坚硬，压扁。花期 5—6 月，果期 9—10 月。

产地和分布：我国长江流域及其以南各省区；亚洲东南部至东部。

生物学特性：喜温，喜光，喜湿润，适应性强，生于疏或密林中。

育苗和栽培技术：种子外皮上有一层蜡质，水分不易渗入，发芽困难，故须将开水倒进盛有种子的容器中，待水温降到 30~40℃时捞出，用碱性水退蜡，净水冲洗，然后沙藏。播种后要注意保温和保湿，并对幼苗进行洒水、除草和施肥（袁模香，2006）。也可嫁接育苗（雷小林 等，2006）。

病虫害防治：主要病害为漆树毛毡病、漆苗炭疽病、漆树褐斑病，可在初期用石硫合剂、代森锌等防治。主要虫害为漆蚜虫、金花虫、漆毛虫、漆树叶甲等，可用敌敌畏、敌百虫等防治。

（61）山黄麻 *Trema tomentosa* (Roxb.) H. Hara [榆科]

形态特征：小乔木。小枝灰褐色，嫩梢上密被白色柔毛。叶革质，卵状长圆形或卵形，先端常渐尖或锐尖，基部心形，边缘有细锯齿；叶背银灰色绒毛。聚伞花序生于当年生枝条的叶腋内；花单性或杂性，多雌雄异株。核果卵球形或近球形，稍扁；种子卵球状，稍扁。花期4—8月，果期6—9月。

产地和分布：福建、台湾、广东、香港、广西等省区；亚洲、大洋洲。

生物学特性：阳性树种，速生，适应性强。喜温暖、干热的气候，其根系发达，叶表面多绒毛，具有明显的耐旱特性，在山谷林中和较干燥的山坡灌丛中常见。山黄麻萌生力强，易繁殖，砍伐后易于萌发新枝，可进行自然更新并快速成林，宜作荒坡荒地绿化树种，为保持水土和改善生态环境的先锋树种，具良好的生态经济价值（杨超本，2013）。

育苗和栽培技术：种子育苗或扦插育苗。

（62）山乌桕 *Triadica cochinchinensis* Lour. [大戟科]

形态特征：小乔木。叶椭圆形或长卵形，顶端钝或短渐尖，基部楔形。花序顶生；雌花数朵生于花序下部，上部为雄花，或有时全部为雄花。蒴果球形，直径约 1.2 cm；种子近球形，直径 3~4 mm。花期 4—6 月，果期 8—9 月。

产地和分布：浙江、福建、台湾、广东、香港、澳门、海南、广西等省区；南亚至东南亚。

生物学特性：生于海拔 50~500 m 的山地疏林、山谷或山坡混交林中，其落叶丰富，能够较好地保持土壤水分和涵养水源，防止土壤侵蚀，提高林地自肥能力，为广东省生态公益林造林的 100 个主要树种之一，也是四旁和园林绿化的优良观叶景观树种。

育苗和栽培技术：种子外被白色蜡层，可用草木灰或食用碱搓揉种子，然后在温水中清洗干净，宜于2 月中下旬晴天进行点播。造林应选择海拔 800 m 以下、土层深厚肥沃的林地，早春移栽成活率较高（林锦森，2011）。

病虫害防治：主要虫害为小地老虎、乌桕毒蛾。小地老虎可人工诱捕；乌桕毒蛾幼虫可在冬季毒杀或用敌百虫等喷杀，成虫以灯光诱杀或喷洒苏云金杆菌、白僵菌等生物农药（吴峰，2003）。

（63）乌桕 *Triadica sebifera* (L.) Small [大戟科]

形态特征：乔木。叶纸质，菱状卵形或倒卵形，顶端急尖，基部阔楔形或钝。花序顶生，长 6~12 cm 或更长。蒴果梨状球形或卵状，直径 1~1.5 cm；果序具果 5~10 个或更多；种子扁球形，长 8~10 mm，被白色蜡层。花期 4—6 月，果期 9—10 月。

产地和分布：我国秦岭以南各省区；日本、越南、印度及欧洲、美洲。

生物学特性：对土壤适应性较强，在红壤、黄壤、黄褐色土、紫色土、棕壤等土类，从沙性到黏性等土质，以及酸性、中性或微碱性等土壤上均能生长，在滨海地带，常生长于高潮线以上区域。喜光，不耐阴，耐水湿，抗风，耐盐碱，是抗盐性强的乔木树种之一。

育苗和栽培技术：种子育苗或扦插育苗。种子外被较厚的蜡层，内有坚硬的外壳，很难吸水和透气，发芽比较困难，播种前须通过脱皮脂、热水浸泡、赤霉素或浓硫酸等对种子进行预处理，促使尽快发芽，提高发芽率，并使出苗整齐（黄华明，2009）。

病虫害防治：主要病害为立枯病，可在整地的同时施硫酸亚铁粉剂进行消毒或在播种时用多菌灵或高锰酸钾溶液喷洒防治。主要虫害为樗蚕、刺蛾、柳兰叶甲、大蓑蛾，可用除虫脲、蔬果净、BT 乳剂等防治，大蓑蛾还可通过人工摘除结合剪枝的方法进行防治（章其霞，2007）。

（64）榔榆 *Ulmus parvifolia* Jacq. [榆科]

形态特征：落叶乔木。叶质地厚，椭圆形或卵形，顶端渐尖，基部略狭或钝。聚伞花序簇生于叶腋。翅果椭圆形或卵状椭圆形；种子位于翅果中上方。花果期8—11月。

产地和分布：浙江、福建、台湾、广东等省区；日本、朝鲜。

生物学特性：阳性树种，喜温暖湿润的气候，树性强健，适应性强，对土壤要求不严，耐旱，耐寒，耐瘠薄，抗风，耐湿，萌芽力强，中度耐盐植物，可以在含盐量不超过3‰的土壤上正常生长，对二氧化硫抗性强，是优良之抗污染绿化树种。

育苗和栽培技术：种子育苗（程雪梅 等，2014）或扦插育苗，但榔榆的种子获取比较困难，用一般的扦插方法成活率仅为20%~40%。为了解决榔榆不易生根的问题，对插穗扦插前进行不同药剂处理或采用雾插技术（刘雪梅 等，2005）。

病虫害防治：榔榆虫害较多，常见的有榆叶金花虫、介壳虫、天牛、刺蛾和蓑蛾等，可用敌敌畏防治，天牛危害树干，可用石硫合剂堵塞虫孔。根腐病则用杀菌剂防治。

（65）紫玉盘 *Uvaria macrophylla* Roxb. [番荔枝科]

形态特征：直立灌木。全株均被黄色星状柔毛，老渐无毛或几无毛。叶革质，长倒卵形或长椭圆形，顶端急尖或钝，基部近心形或圆形。花1~2朵，与叶对生，暗紫红色或淡红褐色。成熟心皮卵球形或短柱形；种子球形。花期3—8月，果期7月至翌年3月。

产地和分布：台湾、广东、香港、澳门、广西等省区；越南、老挝。

生物学特性：喜阳，耐旱，耐瘠薄，常生于低海拔的林缘或山坡灌丛中。

育苗和栽培技术：种子育苗。播种前使用25 mg/L的6-BA溶液对紫玉盘的种子进行浸种处理，能显著地提高种子萌发率（翁春雨 等，2014）。

（66）山椒子 *Uvaria grandiflora* Roxb. [番荔枝科]

形态特征：攀缘灌木。全株密被黄褐色星状柔毛至绒毛。叶纸质或近革质，长圆状倒卵形，顶端急尖或短渐尖，有时有尾尖，基部浅心形。花单朵，与叶对生，紫红色或深红色；花瓣卵圆形或长圆状卵圆形。成熟心皮长圆柱状，顶端有尖头；种子卵圆形，扁平。花期 3—11 月，果期 5—12 月。

产地和分布：广东、广西、香港、澳门等省区；南亚至东南亚。

生物学特性：生于低海拔灌丛中或丘陵山地疏林中，要求土质疏松。

育苗和栽培技术：种子育苗时，按红土∶椰糠 1∶1 混合为最佳的育苗基质。或者切取种子苗的下胚轴及不带节茎段进行离体培养（李志英 等，2010）。

（67）珊瑚树 *Viburnum odoratissimum* Ker-Gawl. [忍冬科]

形态特征：常绿灌木或小乔木。枝灰色或灰褐色，有突起的小瘤状皮孔。叶革质，椭圆形至近圆形，顶端短尖至渐尖而钝头，基部宽楔形。圆锥花序顶生或生于侧生短枝上；花芳香，花冠白色，后变黄白色，辐状。果卵球形或卵状椭球形，先红色后变黑色；核卵状椭球形。花期 4—6 月，果期 7—10 月。

产地和分布：福建、广东、广西等省区；印度、缅甸、泰国、越南。

生物学特性：适应性强，喜光，亦耐阴，根系发达，萌芽力强，喜温暖，稍耐寒，病虫害少，在潮湿、肥沃的中性土壤中生长迅速旺盛，也能适应酸性或微碱性土壤，是一种良好的生态公益林乡土树种。其防火效能明显，是较好的生物防火树种（赖开吉，2004）。

育苗和栽培技术：以扦插育苗为主（林云跃，2003），亦可种子育苗。

病虫害防治：根腐病、黑腐病可用杀菌剂喷洒或灌浇防治，茎腐病、叶斑病和角斑病可用百菌清防治。主要虫害为介壳虫、刺蛾类和红蜘蛛，刺蛾类可利用成虫的趋光性，设置黑光灯诱杀，红蜘蛛可用三氯杀螨砜防治，蚜虫、叶蝉、介壳虫可用杀螟松防治。

（68）黄荆 *Vitex negundo* L. [唇形科]

形态特征：灌木。小枝四棱状，密生灰白色绒毛。掌状复叶，小叶常 5 枚，全缘或近顶端有 1~3 粗锯齿。聚伞花序排成圆锥花序式，顶生，花序梗密生灰白色绒毛。核果近球形。花期 4—6 月，果期 7—10 月。

产地和分布：我国秦岭和淮河以南各地；亚洲、非洲、南美洲。

生物学特性：喜光，耐半阴，耐旱，耐瘠薄，根系发达，再生力和萌蘖力很强，生于阳光充足、土壤疏松的丘陵和低山灌丛中，是人工石质边坡自然恢复过程中常见的木本先锋物种。

育苗和栽培技术：种子育苗，播种前要给足水分。

（69）簕党花椒 *Zanthoxylum avicennae* (Lam.) DC. [芸香科]

形态特征：乔木，高可达 15 m。树皮暗灰色，不裂，成年树有厚木栓层，树干常有粗锐刺，刺基部增粗且有环纹。叶有小叶 11~21（~25）片；小叶通常对生或偶不对生，斜卵形，斜长方形或呈镰刀状，有时倒卵形，幼苗小叶多为阔卵形。花序顶生，多花；萼片及花瓣均 5 枚。果褐红色至紫红色，球形。花期 6—8 月，果期 10—12 月。

产地和分布：福建、台湾、广东、海南、广西等省区；菲律宾、越南。

生物学特性：生于低海拔平地、荒地、山坡或谷地的灌丛或疏林中，耐旱，速生，为我国南方山地常见树种。

育苗和栽培技术：种子育苗或扦插育苗。

4.4.1.2 匍匐或攀缘藤本植物

（1）罗浮买麻藤 *Gnetum luofuense* C. Y. Cheng [买麻藤科]

形态特征：藤本。叶片长圆形或长圆状卵形。雄球花序成三出聚伞花序或有两对分枝，有总苞 12~20轮，每轮总苞内有雄花 60~80 朵；雌球花序的每一花穗有总苞 10~20 轮，每轮总苞内有雌花 8~9 朵。成熟种子假种皮橘红色，椭球形，干后表面无纵皱纹。花期 5—7 月，果期 8—10 月。

产地和分布：福建、广东、海南、广西等省区。

生物学特性：喜中性到偏碱性且排水良好的土壤，耐阴，耐干旱，耐贫瘠，能生长于沙土或石灰岩上，喜欢高温高湿的环境。

育苗和栽培技术：种子育苗、扦插、嫁接等。种子育苗主要不足是种子发芽时间长，而扦插育苗相对简单，但应注意选择合适的基质和适宜的环境湿度，也可通过压条育苗。接种菌根还能促进幼苗在酸性土壤中的生长。

（2）小叶买麻藤 Gnetum parvifolium (Warb.) W. C. Cheng [买麻藤科]

形态特征：缠绕藤本。叶椭圆形至长倒卵形。雄球花序不分枝或一次分枝，分枝三出或成两对，有总苞5~10 轮，每轮总苞内具雄花 40~70 朵；雌球花序多生于老枝上，一次三出分枝，每轮总苞内有雌花 5~8 朵。成熟种子假种皮红色，椭球形或倒卵状球形，干后种子表面常有细纵皱纹。花期 4—7 月，果期 7—11 月。

产地和分布：福建、广东、广西等省区；老挝、越南。

生物学特性：生于海拔较低的干燥平地或湿润谷地的森林中，缠绕在大树上。

育苗和栽培技术：同罗浮买麻藤。

（3）相思子 *Abrus precatorius* L. [豆科]

形态特征：缠绕藤本。茎细弱。羽状复叶；小叶 8~13 对，对生，近长圆形或倒披针状长圆形，先端截形，具小尖头。总状花序腋生；花小，密集成头状；花冠紫色。荚果长圆形，成熟时开裂，有种子 6 颗；种子椭球形，平滑具光泽，上部为鲜红色，下部为黑色。花期 3—6 月，果期 9—10 月。

产地和分布：台湾、广东、香港、海南、广西等省区；亚洲热带地区。

生物学特性：喜生于潮湿的海滩、矮生的疏林中或林缘，经常在干燥丘陵路旁或近海岸的灌丛中出现，性喜半阴湿地带，不耐寒。

育苗和栽培技术：种子育苗。

（4）龙须藤 *Bauhinia championii* (Benth.) Benth. [豆科]

形态特征：木质藤本，卷须单生或成对。叶纸质，卵形至卵状披针形或心形，先端渐尖、圆钝、微凹或2裂。总状花序狭长，腋生，有时与叶对生或数个聚生于枝顶而成复总状花序；花瓣白色或乳白色，具瓣柄，花瓣片匙形。果倒卵状长圆形或带状；种子2~5颗，圆形，扁平。花期6—10月，果期7—12月。

产地和分布：浙江、福建、台湾、广东、海南、广西等省区；印度、越南、印度尼西亚。

生物学特性：生于低海拔至中海拔的丘陵灌丛或山地疏林和密林中，适应性强，喜光，也耐阴，对土壤要求不严，耐干旱、耐贫瘠、生长快，在低缓坡地段皆可种植。

育苗和栽培技术：种子育苗或扦插育苗。

（5）铁包金 *Berchemia lineata* (L.) DC. [鼠李科]

形态特征：藤状或矮灌木。小枝圆柱状，黄绿色，被密短柔毛。叶纸质，矩圆形或椭圆形，顶端圆形或钝，具小尖头。花白色，通常数个至 10 余个密集成顶生聚伞总状花序，或有时 1~5 个簇生于花序下部叶腋，近无总花梗。核果圆柱形，顶端钝，成熟时黑色或紫黑色。花期 7—10 月，果期 11 月。

产地和分布：福建、台湾、广东、广西等省区；日本、印度、巴基斯坦、越南。

生物学特性：生于低海拔的山野、路旁或开旷地上。

（6）山柑藤 *Cansjera rheedei* J. F. Gmel. [山柑藤科]

形态特征：攀缘状灌木。有时具刺，小枝、花序均被淡黄色短绒毛。叶薄革质，卵圆形或长圆状披针形，顶端长渐尖，基部阔楔形或圆钝，有时稍偏斜，全缘。花多朵排成密生的穗状花序，花被管坛状，黄色。核果椭圆球状，顶端有小突尖，成熟时红色。花期10月至翌年1月，果期1—4月。

产地和分布：广东、广西等省区；南亚至东南亚。

生物学特性：多见于低海拔山地疏林或灌木林中，具根寄生性。

育苗和栽培技术：种子育苗或扦插育苗。

（7）薜荔 *Ficus pumila* L. [桑科]

形态特征：大型常绿木质藤本，多型。幼时以气生根爬于壁或树上，长达 10 m。枝条和果实剪折后有白色乳汁流出。枝二型：不生花序托的枝条（营养枝）生于植株下部，叶薄而小，心状卵形；生花序托的枝条（结果枝）生于植株上部，叶厚而大，卵状椭圆形。花序托倒卵形或梨形，单生于叶腋，具短梗。花期4—5月，果期8—9月。

产地和分布：我国长江以南各省区；日本、越南。

生物学特性：喜温暖湿润气候，耐阴，耐旱，耐瘠，不耐寒，对土壤要求不严，喜肥沃、富含有机质的壤土。攀附能力强，在陡峭的沙石质或粗糙岩面上均可牢固自行攀附。

育苗和栽培技术：繁殖较易，常用种子育苗和扦插育苗，也可分株育苗、嫁接育苗及组培育苗（吴松成，2001）。

（8）匙羹藤 *Gymnema sylvestre* (Retz.) R. Br. ex
Schult. [夹竹桃科]

形态特征：木质藤本，具乳汁。茎皮灰褐色，具
皮孔。叶倒卵形或卵状长圆形。聚伞花序伞形状，腋
生；花小，绿白色；花冠绿白色，钟状，裂片卵圆形，
钝头，略向右覆盖；副花冠裂片厚而成硬条带。蓇葖
果卵状披针形，基部膨大，顶部渐尖；种子卵圆形。
花期 5—9 月，果期 10 月至翌年 1 月。

产地和分布：浙江、福建、台湾、广东、广西等
省区；印度、越南、印度尼西亚、澳大利亚及热带非
洲。

生物学特性：生于山坡林中或灌丛中。

育苗和栽培技术：以种子育苗为主，播种前去除
种子的种毛；也可采用根茎扦插育苗。

（9）常春藤 *Hedera nepalensis* K. Koch var. *sinensis* (Tobler) Rehder [五加科]

形态特征：常绿攀缘灌木。茎有气生根。叶片革质，叶形变化较大，全缘或 1~3 裂。伞形花序单个顶生，或 2~7 个总状排列或伞房状排列成圆锥花序；花淡黄白色或淡绿白色，芳香。果实球形，红色或黄色，花柱宿存。花期 9—11 月，果期翌年 3—5 月。

产地和分布：江苏、浙江、福建、广东、香港、澳门、海南、广西等省区；越南。

生物学特性：常攀缘于林缘树木、林下路旁、岩石和房屋墙壁上。喜光，耐阴，喜温暖，怕炎热，不耐寒，为典型的阴生藤本植物，可用于垂直绿化。

育苗和栽培技术：可用扦插法、分株法和压条法进行育苗。

病虫害防治：主要病害为灰霉病、叶斑病，注意育苗场地的通风，并且用速克灵、扑海因或波尔多液等防治。主要虫害为介壳虫、蓟马，可用丁硫克百威等防治。

（10）扭肚藤 *Jasminum elongatum* (Bergius) Willd. [木
犀科]

形态特征：攀缘灌木。小枝疏被短柔毛至密被黄
褐色绒毛。叶卵形、狭卵形或卵状披针形，先端短尖
或锐尖，基部圆形、截形或微心形。聚伞花序密集，
顶生或腋生，有花多朵；苞片线形或卵状披针形；花
冠白色，高脚碟状，裂片 6~9 枚，披针形。果长圆球
形或卵球形，呈黑色。花期 4—12 月，果期 8 月至翌
年 3 月。

产地和分布：广东、海南、广西等省区；越南、
缅甸。

生物学特性：常生于丘陵地和山地的灌丛、混交
林及沙地。

育苗和栽培技术：种子育苗、扦插育苗或组培育
苗。

（11）玉叶金花 *Mussaenda pubescens* W. T. Aiton [茜草科]

形态特征：攀缘灌木。叶卵状长圆形或卵状披针形，顶端渐尖，基部楔形。聚伞花序顶生，密花；萼裂片线形，通常比萼管长 2 倍以上；花瓣状的萼裂片宽椭圆形，白色；花冠黄色。浆果近球形。花期 5—7月，果期 7—9 月。

产地和分布：浙江、福建、台湾、广东、海南、香港、广西等省区；越南。

生物学特性：阳性或半阳性植物，生于山地、丘陵、旷野的林中或灌丛。适应性强，既可攀缘或缠绕于其他植物，又可匍匐地面，为优良的地被植物和垂直绿化植物。

育苗和栽培技术：一般采用扦插育苗，但也可种子育苗或组培育苗（纪永利 等，2011）。

（12）小叶红叶藤 *Rourea microphylla* (Hook. & Arn.)
Planch. [牛栓藤科]

形态特征：攀缘灌木。奇数羽状复叶，小叶通常
7~17（~27）片。圆锥花序，丛生于叶腋内；花瓣白色、
淡黄色或淡红色。蓇葖果椭球形或斜卵形，成熟时红
色，弯曲或直，顶端急尖；种子椭球形。花期3—9月，
果期5月至翌年3月。

产地和分布：福建、广东、广西等省区；越南、
斯里兰卡、印度、印度尼西亚。

生物学特性：常生于低海拔的干燥山坡灌丛或疏
林中，耐旱性强，病虫害少，抗风力强，适于垂直绿
化使用。

育苗和栽培技术：种子采收后沙藏，于沙床播种
育苗；或用二年生枝条浸泡 NAA 溶液后扦插育苗。定
植后注意施肥和浇水。

（13）雀梅藤 *Sageretia thea* (Osbeck) M. C. Johnst. [鼠李科]

形态特征：藤状或直立灌木。小枝具刺。叶纸质，近对生或互生，圆形至卵状椭圆形，边缘具细锯齿。穗状花序或圆锥状穗状花序，顶生或腋生，疏散；花无梗，黄色，有芳香；花瓣匙形。核果近圆球形，成熟时黑色或紫黑色，具 1~3 分核；种子扁平，两端微凹。花期 7—11 月，果期翌年 3—5 月。

产地和分布：我国长江流域及其以南各省区；朝鲜、日本、越南、印度。

生物学特性：喜温暖湿润气候，耐阴，对土壤要求不严，根系发达，萌发能力强，常生于丘陵、山地林下或灌丛中。

育苗和栽培技术：种子育苗或扦插育苗（钱莲芳等，1995），也可压条育苗。

病虫害防治：主要虫害为天牛和红蜘蛛，可用铁丝插入天牛虫孔刺死幼虫，也可用敌敌畏毒杀，红蜘蛛则可用敌敌畏或乐果喷杀。

（14）络石 *Trachelospermum jasminoides* (Lindl.)
Lem. [夹竹桃科]

形态特征：常绿木质藤本。茎赤褐色，有皮孔，具乳汁。叶革质或近革质，椭圆形至倒卵形。二歧聚伞花序腋生或顶生，花多朵组成圆锥状；花白色，芳香；花冠管筒形。蓇葖果双生；种子多颗，褐色，线形，顶端具白色绢质种毛。花期 3—7 月，果期 7—12月。

产地和分布：江苏、浙江、福建、台湾、广东、广西等省区；日本、朝鲜、越南。

生物学特性：生于山野、溪边、路旁、林缘或杂木林中，常缠绕于树上或攀缘于墙壁上、岩石上，耐阴性强，适于垂直绿化。

育苗和栽培技术：常采用扦插育苗、压条育苗。扦插育苗时可在夏季和秋季进行，但要注意苗床的消毒和插后管理。亦可采用组培技术进行育苗。

病虫害防治：主要病害为褐斑病和立枯病，虫害有红蜘蛛、食叶虫害和地下虫害。病株销毁时，需使用甲基托布津等防治。

4.4.1.3 直立草本植物

（1）狗牙根 *Cynodon dactylon* (L.) Pers. [禾本科]

形态特征：多年生低矮草本，具根茎。秆匍匐地面蔓延甚长，常在节上生不定根，直立部分高 10~30 cm。叶线形。穗状花序；小穗灰绿色或带紫色，长 2~3 mm，仅含 1 朵小花。颖果长圆柱形。花果期 5—10 月。

产地和分布：我国黄河以南各省区；全球热带和温带地区。

生物学特性：喜光，稍耐半阴，匍匐茎坚韧，节上的萌芽力强，着地易生不定根，能广铺地面保持水土，可用于护沟、固坡、护岸、固堤等。此草侵占力较强，在肥沃的土壤条件下，容易侵入其他草种中蔓延扩大。在轻度盐碱地上，亦能生长良好。

育苗和栽培技术：种子稀少，不易采收，宜用分根法育苗。

病虫害防治：主要病害为褐斑病、叶斑病、锈病等，可用托布津、多菌灵、百菌清等防治；主要虫害为蛴螬、螨类、介壳虫和线虫等，可及时喷一些菊酯类杀虫剂进行控制。

（2）大白茅 *Imperata cylindrical* (L.) P. Beauv var. *major* (Nees) C. E. Hubb. [禾本科]

形态特征：多年生草本，具横走、多节、被鳞片的长根状茎。秆直立，高 25~90 cm。叶线形或线状披针形。圆锥花序穗状，分枝短缩而密集，下部略松散；小穗柄顶端膨大成棒状。颖果椭圆形。花果期4—8月。

产地和分布：华南、华东、华中、西南和华北、西北部分省区；东半球热带和温带地区。

生物学特性：适应性强，耐阴，耐干旱、瘠薄，喜湿润疏松土壤，在适宜的条件下，根状茎可长达 3 m以上，能穿透树根，断节再生能力强。生于低山带平原河岸草地、沙质草甸、荒漠与海滨，最适宜生长在湿润地区的肥沃土壤中。

育苗和栽培技术：无性繁殖能力极强，一旦通过种子或者根茎在适宜的生境中生长，就能够通过无性繁殖迅速扩散。

（3）五节芒 *Miscanthus floridulus* (Labill.) Warb. ex K. Schum. & Lauterb. [禾本科]

形态特征：多年生草本，具发达根状茎。秆高大似竹。叶片披针状线形。总状花序；小穗卵状披针形，长 3~3.5 mm；第一颖顶端渐尖或有二微齿；第一外稃长圆状披针形，稍短于颖，顶端钝圆；第二外稃顶端尖或具二微齿。花果期 5—10 月。

产地和分布：我国华东、华中、华南和西南各地，最适生长区域为安徽、福建、广东、台湾及广西等省区；亚洲东南部、太平洋诸岛。

生物学特性：生于低海拔荒地与丘陵山坡或草地，喜阳光充足和酸性土壤，适应性强，耐瘠薄，适合荒山坡地种植。

育苗和栽培技术：种子育苗。

（4）芒 *Miscanthus sinensis* Andersson [禾本科]

形态特征：多年生苇状草本。秆高 1~2 m。叶片线形。圆锥花序；小穗披针形，长 4.5~5 mm；第一颖顶端渐尖，背部无毛；第一外稃长圆形，膜质；第二外稃先端 2 裂，裂片间具 1 芒，芒长 9~10 mm。颖果长圆形，暗紫色。花果期 7—12 月。

产地和分布：我国西北和西藏外的所有省区，最适生长地区为浙江南部及华中、华南地区；朝鲜、日本。

生物学特性：遍布于海拔 1 800 m 以下的山地、丘陵和荒坡原野，常组成优势群落。

育苗和栽培技术：种子育苗。

（5）棕叶芦 *Thysanolaena latifolia* (Roxb. ex Hornem.) Honda [禾本科]

形态特征：多年生丛生草本。秆直立、粗壮。叶鞘无毛；叶片披针形。圆锥花序大型，柔软，分枝多。颖果长圆形，棕红色。花果期春夏季或秋季。

产地和分布：台湾、广东、香港、澳门、广西等省区；印度至东南亚地区、太平洋群岛、非洲、北美洲和南美洲。

生物学特性：生于路旁、山坡、山谷或树林下或低地灌丛中，耐阴，适于山坡绿化。

育苗和栽培技术：可用根茎繁殖、带根的茎秆繁殖或种子育苗。苗期注意除草。

4.4.2 适于陆域低地河口或海岸防护林的植物种类

4.4.2.1 乔灌木植物

（1）水松 *Glyptostrobus pensilis* (Staunt. ex D. Don) K. Koch [柏科]

形态特征：高大乔木。叶螺旋状着生。球果倒卵圆形；种鳞木质，扁平；苞鳞与种鳞基部近合生，三角状，向外反曲；种子椭圆形，稍扁，褐色，长 5~7 mm，宽 3~4 mm，下端有长翅。花期 1—2 月，球果秋后成熟。

产地和分布：广东、福建等省内河流域；越南、老挝。

生物学特性：喜光树种，喜温暖湿润的气候及水湿的环境，耐水湿，不耐低温，对土壤的适应性较强，除盐碱土之外，在其他各种土壤上均能生长。水松有发达的吸收根，抗风力强，是防风、固堤、护滩的优良树种。目前水松天然林很少，大多为人工栽培的树木。水松是珠江三角洲的速生乡土树种，历史上曾大面积分布，目前为国家 I 级重点保护植物。

育苗栽培技术：种子育苗。10—11 月采收成熟的果实，摊薄晒 3~5 d 至鳞片开裂，使种子脱落。幼苗初期抗逆性差，要注意防寒、保持圃地湿润、合理追肥和防治病害。用浓度为 150 mg/L 的 ABT 浸泡 2 h 后插到泥炭土：珍珠岩（2：1）的混合基质中可提高水松插穗的生根率（吴则焰 等，2012）。以 1 年生或 2 年生实生苗顶部枝条为插穗，用 2 000 mg/kg IBA 处理 30 s 或用 100 mg/kg NAA 浸泡插穗基部 2 h，然后扦插在混合基质（草炭：珍珠岩 =7：3）中，也可以获得 85% 以上的成活率（李博，2007）。造林地应选择江河两岸的泥滩地、河涌边地、围堤基地、地势较低的农田和塘边地。水松连片造林生长效果较好，但必须进行间伐抚育（欧阳均浩，1984）。

病虫害防治：主要病害为根腐病和立枯病。旱季要加强淋水，雨季及时排水，每隔 7~10 d 喷一次波尔多液，连日阴雨后要撒干火烧土与草木灰（每公顷 150~225 kg）以防病害，并注意及时消灭虫害（欧阳均浩，1984）。

（2）酒饼簕 *Atalantia buxifolia* (Poir.) Oliv. ex Benth.
[芸香科]

形态特征：灌木，分枝多，老枝刺多。叶硬革质，卵形至近圆形。花常多朵簇生；花瓣白色。果圆球形，果皮平滑，有稍突起油点，透熟时蓝黑色；种子2颗或1颗。花期5—7月及10—12月，果期9—12月。

产地和分布：福建、台湾、广东、海南、广西等省区；马来西亚、菲律宾、越南。

生物学特性：耐盐植物，根系深长，耐盐碱，抗旱，能积聚土壤中的硼，常生于滨海地区的平地、缓坡及低丘陵的灌丛中。

育苗和栽培技术：种子育苗。

（3）刺茉莉 *Azima sarmentosa* (Blume) Benth. & Hook. f. [刺茉莉科]

形态特征：直立灌木，具攀缘或下垂的枝条，小枝无毛。每一叶腋内具腋生长刺。叶片纸质至薄革质，卵形至倒卵形，先端急尖，基部钝或圆。圆锥花序或总状花序；花小，雌雄异株或同株。浆果球形，白色或绿色；种子 1~3 颗。花期 1~3 月，果期 2—5 月。

产地和分布：海南；印度、马来西亚、印度尼西亚。

生物学特性：嗜热树种，耐盐碱，生于海滩沙地灌丛或海岸疏林下。

育苗和栽培技术：种子育苗或扦插育苗。

（4）椰子 *Cocos nucifera* L. [棕榈科]

形态特征：植株高大，乔木状，茎有环状叶痕。叶羽状全裂，长 3~4m；叶柄粗壮，长达 1m 以上。花序腋生，长 1.5~2m；佛焰苞纺锤形，厚木质，老时脱落。果卵球形或近球形，中果皮厚纤维质，内果皮木质坚硬，基部有 3 个孔，果腔含有胚乳、胚和汁液。花果期主要在秋季。

产地和分布：广东、海南、台湾等省；热带亚洲、非洲和美洲。

生物学特性：强阳性树种，耐水湿，耐旱，耐瘠，耐盐，抗风，常在滨海干热的高潮带及以上沙地和红树林附近生长，在河谷两岸、排水良好湿润的平地和缓坡的沙壤土上生长良好，适合滨海地区的绿化，是沿海防风、固沙、绿化的优良树种。椰子果实中空，能随海水漂流远方，借以传播种子。

育苗和栽培技术：苗圃地应选近水源、排水好的沙质土或壤土，将果实种孔向上或呈 45° 斜放排列于种植沟，埋上湿沙至果实的 1/3~1/2 处，经 60~80 d 便可发芽。幼苗长出后，应适当加覆盖物并加强管理。种植一般在雨季进行，适当深植的椰子树长势比浅植的好，抗风力也较强。椰子树需注意平衡施肥。

病虫害防治：椰子泻血病是椰子产区常见的病害，表现为茎干出现裂缝并渗出暗褐色黏液，干后变黑色，裂缝组织腐烂，可凿除病部组织并涂上 10% 的波尔多液防治。椰子虫害可用柏油或泥浆涂封在椰树外表伤口，或喷亚胺硫磷、二溴磷等。另外，也要注意及时清除椰园内外的堆肥、粪堆等，以防虫害滋生（高正清，2003）。

（5）蛇藤 *Colubrina asiatica* (L.) Brongn. [鼠李科]

形态特征：藤状灌木。叶互生，卵形或宽卵形，顶端渐尖，微凹，基部圆形或近心形，侧脉 2~3 对。花黄色，腋生聚伞花序。蒴果状核果，圆球形，内有 3 个分核，每核具 1 颗种子；种子灰褐色。花期 6—9 月，果期 9—12 月。

产地和分布：台湾、广东、海南、广西等省区；南亚至东南亚、澳大利亚、非洲和太平洋群岛。

生物学特性：喜热，耐盐碱，生于沿海沙地上的林中或灌丛中。

育苗和栽培技术：种子育苗。

（6）高山榕 *Ficus altissima* Blume [桑科]

形态特征：大乔木，树冠大。树皮灰色，平滑。叶厚革质，长圆形至宽椭圆形，先端钝，急尖，基部宽楔形，全缘，两面无毛。榕果成对腋生，椭圆状卵圆形，直径 17~28 mm，成熟时红色或带黄色。瘦果表面有瘤状凸体，花柱延长。花期 3—4 月，果期 5—8 月。

产地和分布：广东、海南、广西等省区；南亚和东南亚地区常见。

生物学特性：抗风，耐盐，速生，对有害气体、烟尘污染抗性较强，适宜于荒山绿化和行道树使用。具有较高的耐盐性，可生长在红树林林缘或潮水可淹及的浪花飞溅区，可作为滨海村落防护林树种。

育苗和栽培技术：除了传统的种子育苗外，目前多采用在苗床扦插带气生根的枝条的"气根扦插法"；将健壮枝条环状削皮，在流干乳汁后两端用透明塑料薄膜扎紧，20 d 左右会萌出新根的"圈枝催根法"；以及直接枝条扦插法。苗床采用泥土、河沙各半组成的培养土，注意荫蔽和保湿。近年来，高山榕的漂浮育苗技术也得到开发和推广（罗平 等，2015）。

（7）细叶榕 *Ficus microcarpa* L. [桑科]

形态特征：常绿乔木。叶薄革质，狭椭圆形。花序单个或成对腋生于已落叶枝叶腋，成熟时黄色或微红色，扁球形，直径 6~8 mm，无总梗；雄花、雌花、瘿花同生于一榕果内。花果期几乎全年。

产地和分布：我国东南、华南、西南各省区；亚洲南部、大洋洲。

生物学特性：喜光，耐旱，抗风，耐盐，耐瘠，耐水湿，萌芽力强，抗污染，病虫害少。其树性强健，生命力顽强，生长快，根系发达，寿命长，可以在基岩海岸的浪花飞溅区的石缝中正常生长，也能在红树林林缘生长，是滨海地区良好的绿化树种，并且也是防护边坡的良好种源。近年来发现细叶榕与木麻黄混交作为沿海防护林，不仅防护效果好，抗风沙能力比木麻黄强，且不易老化。

育苗和栽培技术：种子育苗或于早春进行扦插育苗（叶玲，2012）。

病虫害防治：主要虫害为榕管蓟马，可通过人工捕杀或在未形成虫瘿的发生初期喷药防治。

（8）笔管榕 *Ficus superba* Miq. var. *japonica* Miq. [桑科]

形态特征：落叶乔木。树皮黑褐色，小枝淡红色。叶互生或簇生，近纸质，椭圆形至长圆形，先端短渐尖，基部圆形。榕果单生或成对或簇生于叶腋或生无叶枝上，扁球形，直径 5~8 mm，成熟时黄色或红色。花果期 4—6 月。

产地和分布：浙江、福建、台湾、广东、香港、澳门、海南等省区；缅甸、泰国、印度、马来西亚、日本（琉球群岛）等。

生物学特性：喜温湿气候，喜阳，耐热，耐瘠，耐阴，耐干旱，不耐寒，生长快，寿命长，树性强健，适应性强，常为城市道路绿化、沿海防护林营建的优良树种。

育苗和栽培技术：种子育苗或扦插育苗（郑坚 等，2009）。

（9）刺篱木 *Flacourtia indica* (Burm. f.) Merr. [杨柳科]

形态特征：落叶灌木或小乔木。树干和大枝条有长刺，老枝通常无刺，幼枝有腋生单刺。叶近革质，倒卵形至长圆状倒卵形，先端圆形或截形，有时凹，边缘中部以上有细锯齿。花小，总状花序短，顶生或腋生；花瓣缺。浆果球形或椭圆形，有宿存花柱；种子 5~6 颗。花期 1—2 月，果期 7—10 月。

产地和分布：福建、广东、海南、广西等省区；南亚、东南亚及非洲。

生物学特性：生于近海沙地灌丛中，可作绿篱和沿海地区防护林的优良树种。

育苗和栽培技术：种子育苗。

（10）海岸桐 *Guettarda speciosa* L. [茜草科]

形态特征：常绿乔木。小枝有明显的皮孔。叶对生，阔倒卵形或广椭圆形，顶端急尖，钝或圆形，基部渐狭，上面无毛或近无毛，下面薄被疏柔毛。聚伞花序常生于已落叶的叶腋内；总花梗长 5~7 cm；花无梗或具极短的梗；花冠白色，管狭长，顶端 7~8 裂。核果扁球形，内有种子数粒。花果期 4—7 月，在热带地区几乎全年。

产地和分布：台湾、海南；热带亚洲、非洲东部、大洋洲、太平洋群岛。

生物学特性：阳性树种，耐旱，抗风，耐盐，常生于海岸沙地、礁石灌丛边缘或海岸潮间带，花常傍晚开放，早上凋落。果实轻软，可以漂浮在水面上。本种是马绍尔群岛共和国的国花。

育苗和栽培技术：种子育苗、扦插育苗或压条育苗。

（11）变叶裸实 *Gymnosporia diversifolia* Maxim. [卫矛科]

形态特征：灌木或小乔木。一二年生小枝刺状，灰棕色，常被密点状锈褐色短刚毛，老枝光滑有时有残留短毛。叶倒卵形至倒披针形，形状大小均多变异。圆锥聚伞花序，丛生；花白色或淡黄色。蒴果通常2裂，扁倒心形，红色或紫色；种子椭圆状。花期6—9月，果期8月至12月或至翌年2月。

产地与分布：福建、台湾、广东、海南、广西；日本（琉球群岛）、菲律宾、马来西亚、越南、泰国。

生物学特性：生于海滨的荒滩或疏林、陆缘沙地、壤土，耐干旱。

育苗和栽培技术：种子育苗。

（12）苦楝 *Melia azedarach* L. [楝科]

形态特征：落叶乔木。树皮灰褐色，纵裂。叶为2~3回奇数羽状复叶；小叶对生或互生，卵形、椭圆形至披针形，顶端渐尖或尾尖。圆锥花序腋生；花芳香；花瓣淡紫色。核果球形至椭球形，内果皮木质，4~5室，每室有种子1颗；种子椭球形。花期春季，果期夏秋季。

产地与分布：我国华北、华东、华南、西南等省区。

生物学特性：速生树种，萌芽力强，速生，抗病虫害能力强。喜温暖、湿润气候，喜光，耐旱，耐湿，抗风，耐盐，较耐寒，耐瘠薄，耐烟尘，抗二氧化硫，生于低海拔旷野、路旁或疏林中，或河口高潮带附近泥质河岸和海边鱼塘隔离堤上，偶尔也出现在红树林林缘。适生于酸性、中性和碱性土壤，在含盐量0.45%以下的盐渍地上也能良好生长。广东省徐闻县有苦楝树约150万株，有"苦楝之乡"之称（林文棣，1993）。

育苗和栽培技术：种子育苗、嫩芽扦插或埋根育苗（董玉峰 等，2012）。造林地宜选择土壤湿润、肥沃、排水良好的河谷冲积土，宅旁瓦砾土，以及农地耕作土等。

病虫害防治：主要病害为褐斑病、丛枝病、溃疡病等，发病初期以波尔多液、四环素类抗生素喷治。主要虫害为红蜘蛛、介壳虫及锈壁虱，可用乐果或代森锰锌喷杀。

（13）海滨木巴戟 *Morinda citrifolia* L. [茜草科]

形态特征：灌木至小乔木。叶交互对生，长圆形、椭圆形或卵圆形，通常具光泽。头状花序，与叶对生；花多数，无梗；花冠白色，漏斗形。聚花核果浆果状，卵球形，幼时绿色，熟时白色，约初生鸡蛋大小；分核倒卵形；种子小。花期 3—8 月，果期 4—11 月。

产地和分布：台湾、海南；中南半岛、澳大利亚北部、太平洋群岛。

生物学特性：典型的热带滨海植物，具有抗风、耐旱、耐盐等特性。对土壤适应范围较广，在 pH 7.0 左右的冲积壤土和砖红壤土、红树林林缘高潮可淹及的泥质海岸、含盐量高达 13.3‰ 的土壤中均能正常生长。海滨木巴戟果实可食，营养丰富，是滨海地区绿化和重要的水果资源植物。

育苗和栽培技术：种子育苗或扦插育苗。种子外壳坚硬，具有较强的抗水性，自然发芽率较低，但高温处理能显著提高种子的发芽率、发芽势和发芽指数。用带顶芽的枝条作插穗，经生根粉浸泡处理 30 s 后在细沙或粗沙中扦插，生根效果很好。此外，也可进行组培育苗（杨焱 等，2009）。

病虫害防治：主要虫害为斜纹夜蛾和粉蚧。海南种植的海滨木巴戟普遍发生过线虫危害，播种前应用 50~60℃ 的温水浸种，育苗前则要用威百亩或噻唑磷进行土壤消毒。

（14）马甲子 *Paliurus ramosissimus* (Lour.) Poir. [鼠李科]

形态特征：具刺灌木。嫩枝被绒毛。叶互生，圆形或卵圆形，顶端圆或钝，基部楔形至近圆形，边缘具细锯齿。聚伞花序腋生，具花数朵至 10 余朵，被黄色绒毛。核果杯状，密被棕色绒毛，具 3 裂的狭环状翅；种子棕红色，扁圆形。花期 6—8 月，果期 9—10 月。

产地和分布：江苏、浙江、江西、福建、台湾、广东、广西等省区；朝鲜、日本、越南。

生物学特性：适应性强，对土壤、气候条件要求不严，分枝能力强，较耐干旱、贫瘠，病虫害少，寿命长，生长较快，生于山地路旁或疏林下，平原地区见于河边、海边和路边灌丛等地，有较高的耐盐能力，可以生长在高潮线附近的泥质海岸、沙砾质海岸，偶尔出现在红树林林缘，是优良的绿化树种，也是沙砾质海岸地带适宜种植的树种之一。

育苗和栽培技术：种子育苗。种皮坚硬，不易吸水，播种前需进行预处理（欧斌 等，2005）。在育苗管理过程中，播种密度和不同遮阴处理对苗木的生长量和质量会产生显著影响（赖丽仙，2011）。

（15）刺葵 *Phoenix hanceana* Naud. [棕榈科]

形态特征：丛生灌木。叶披散；裂片线状披针形，单生或数片聚生，彼此着生于叶轴两侧不同的平面上，排列极不整齐。肉穗花序生于叶腋中，佛焰苞初时灰绿色，后变黄绿色。果实长球形，长 1.5~2 cm，成熟时黄色，顶端有小顶头；种子长球形，长 1.2~1.6 cm，腹面有一纵沟。花期 4—5 月，果期 6—10 月。

产地和分布：福建、台湾、广东、广西等省区。

生物学特性：喜高温干燥和光线充足的环境，耐盐碱性强，忌积水，耐干旱、瘠薄，但在肥沃的土壤中生长较好，多生于海边荒山或灌丛中。

育苗和栽培技术：种子育苗或分株繁殖。播种前最好选用当年采收的种子，然后用温水浸泡种子 12~24 h 进行催芽，最后把种子放到基质中进行点播，注意保温保湿。

（16）抗风桐 *Pisonia grandis* R. Br. [紫茉莉科]

形态特征：常绿乔木。树皮灰白色，皮孔明显。叶对生，叶片纸质或膜质，椭圆形、长圆形或卵形，顶端急尖至渐尖，基部圆形或微心形，常偏斜。聚伞花序顶生或腋生；花被筒漏斗状。果实棍棒状，5 棱，沿棱具 1 列有黏液的短皮刺，棱间有毛。花期夏季，果期夏末至秋季。

产地和分布：台湾、海南（西沙群岛）；南亚至东南亚、非洲东部、澳大利亚东北部、太平洋岛屿。

生物学特性：西沙群岛最主要的树种，常成纯林。

育苗和栽培技术：扦插育苗。

（17）莿柊 *Scolopia chinensis* (Lour.) Clos [杨柳科]

形态特征：常绿小乔木或灌木。树皮浅灰色，枝和小枝有时着生粗壮的刺。叶革质，椭圆形至长圆状椭圆形，三出脉。总状花序，腋生或顶生，长 2~6 cm；花小，淡黄色；花瓣倒卵状长圆形，边缘有睫毛。浆果圆球形；种子 2~6 颗。花期秋末冬初，果期晚冬。

产地和分布：福建、广东、广西等省区；印度、老挝、越南、马来西亚、泰国。

生物学特性：具耐盐特性，为典型的热带、亚热带滨海植物，经常出现于红树林林缘、废弃盐田、海边鱼塘堤岸和丘陵区疏林中。

育苗和栽培技术：种子育苗或扦插育苗。

（18）海人树 *Suriana maritima* L. [海人树科]

形态特征：灌木或小乔木。嫩枝密被柔毛及头状腺毛；分枝密，小枝常有小瘤状的疤痕。叶具极短的柄，常聚生在小枝的顶部，稍带肉质，线状匙形，先端钝，基部渐狭，全缘，叶脉不明显。聚伞花序腋生，有花 2~4 朵；花瓣黄色，覆瓦状排列，倒卵状长圆形或圆形，具短爪。果有毛，近球形，长约 3.5 mm。花果期夏秋季。

产地和分布：台湾、海南（西沙群岛）；印度、印度尼西亚、菲律宾、太平洋群岛等。

生物学特性：能在环境极端恶劣的热带海滨沙地或石缝中生长，具固定沙丘、减缓海岸侵蚀的作用，有很强的抗逆性和适应性，可作为防风护堤、园林观赏植物。海人树的核果较轻，可以在海水里漂浮，有利于其自然传播。

育苗和栽培技术：种子育苗或扦插育苗。

（19）水翁 *Syzygium nervosum* DC. [桃金娘科]

形态特征：乔木。树皮灰褐色，树干多分枝。叶片薄革质，长圆形至椭圆形，先端急尖或渐尖，基部阔楔形或略圆。圆锥花序生于无叶的老枝上；花无梗，2~3 朵簇生。浆果阔卵球形，成熟时黑色。花期 5—6 月，果期 8—9 月。

产地和分布：广东、海南、广西、云南等省区；印度、马来西亚、印度尼西亚及大洋洲。

生物学特性：喜肥，耐淹性强，喜生于水边，对土壤要求不严，一般潮湿的土壤均能种植，忌干旱，适于海边淡水湿地周边种植。水翁对富营养化水体中的氮和磷有较强的去除率，可考虑与灌木和草本植物相结合，建立乔、灌、草的自然湿地系统，达到改善水质的目的（靖元孝 等，2005）。

育苗和栽培技术：种子育苗。

（20）柽柳 *Tamarix chinensis* Lour. [柽柳科]

形态特征：小乔木或灌木。老枝直立，树皮红褐色。叶鳞片状，钻形或卵状披针形。圆锥状总状花序，侧生于当年生枝端；花粉红色。蒴果圆锥形，长约 3 mm，成熟时 3 瓣裂；种子细小，顶部具束毛。花期 4—9 月。

产地和分布：我国东部、北部至华东、华南、西南各省区；日本、美国。

生物学特性：喜光，耐旱，耐寒，耐瘠薄，亦较耐水湿，极耐盐碱，生于河流冲积平原、海滨、滩头、潮湿盐碱地和沙荒地。根系发达，萌生力强，生长较快，适于沿海及低湿地区改造盐碱地及作防护林和固沙之用，是盐碱地造林的优良先锋树种。柽柳对土壤要求不严格，但培育苗木以土壤肥沃、疏松透气的沙壤土为好（赵志善 等，1992；马晓龙，2013）。

育苗和栽培技术：种子育苗、扦插育苗、压条育苗、分株育苗及组培育苗。

病虫害防治：主要病虫害有梨剑纹夜蛾、蚜虫和立枯病。立枯病是柽柳在苗期的主要病害，可用多菌灵拌种或幼苗出土后用波尔多液喷洒。梨剑纹夜蛾可在幼虫期以敌百虫防治。

（21）榄仁树 *Terminalia catappa* L. [使君子科]

形态特征：大乔木。树皮褐黑色，纵裂而剥落状；枝平展。叶大，互生，常密集于枝顶，叶片倒卵形，先端钝圆或短尖，中部以下渐狭，基部截形或狭心形。穗状花序长而纤细，腋生，雄花生于上部，两性花生于下部；花多数，绿色或白色；花瓣缺。果扁椭球形，具 2 棱，果皮木质，坚硬；种子 1 颗。花期 3—6 月，果期 7—9 月。

产地和分布：台湾、广东、海南等省；马来西亚、越南、印度及大洋洲、北美洲、南美洲。

生物学特性：喜光、抗风、耐盐、耐水湿的热带树种，稍耐瘠薄，在沿海沙地、泥炭土、石灰岩土壤均可生长。多分布于海边红树林的林缘，特大高潮带以上的位置。具较高的耐盐性，在盐度高达 17.09‰的条件下仍可正常生长，和木麻黄组成的混交林可用作建设华南沿海防护林（林晞 等，2004）。

育苗和栽培技术：种子育苗。榄仁果实外部的纤维质外壳对种子的萌发有一定的阻碍作用，故种子去皮后更容易萌发成苗。

病虫害防治：易发生叶斑病，注意喷药防治。

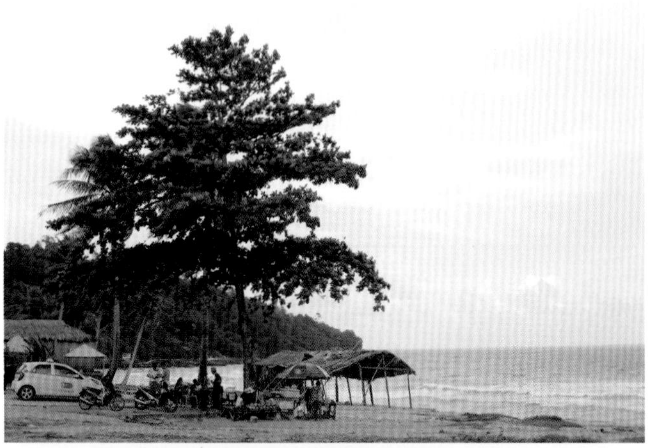

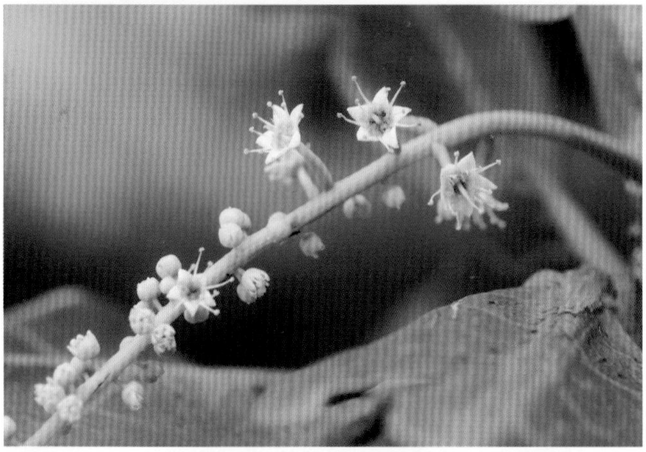

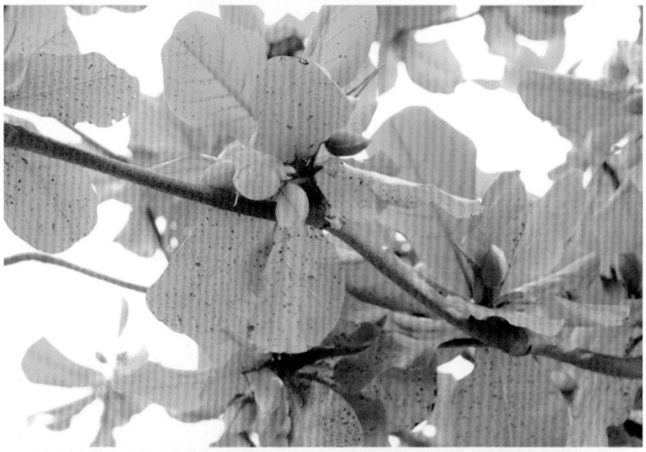

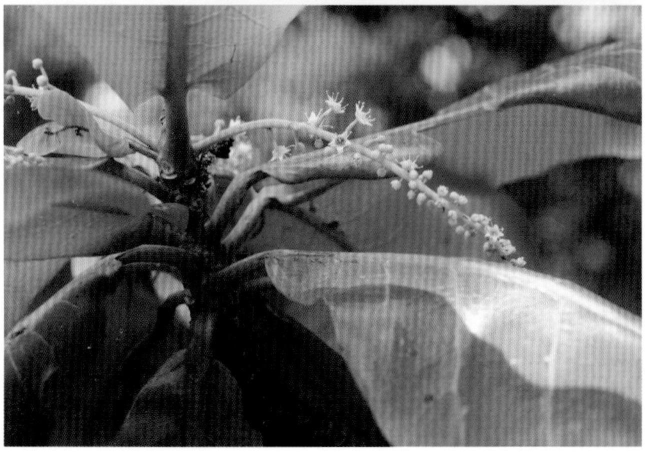

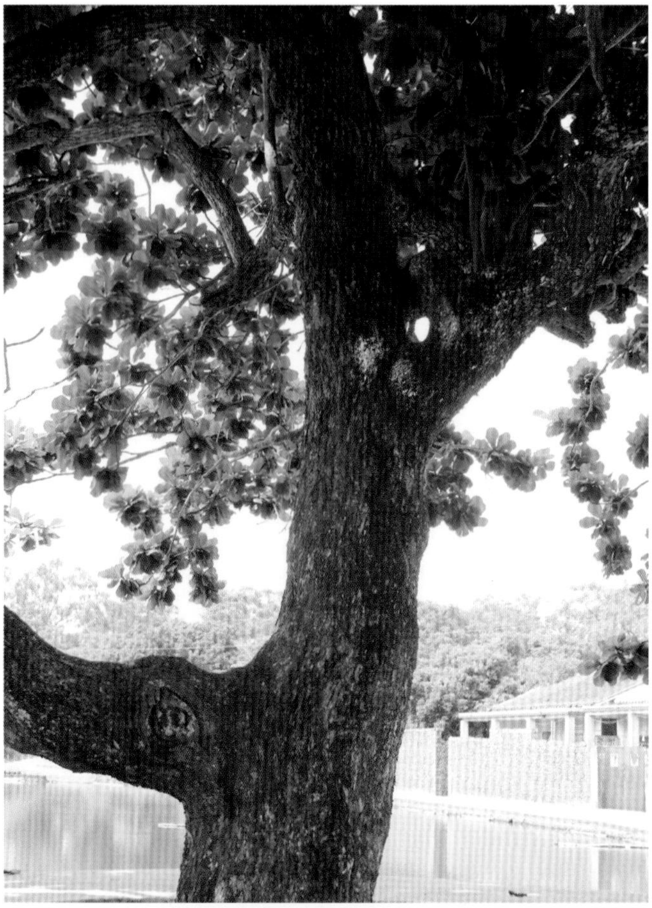

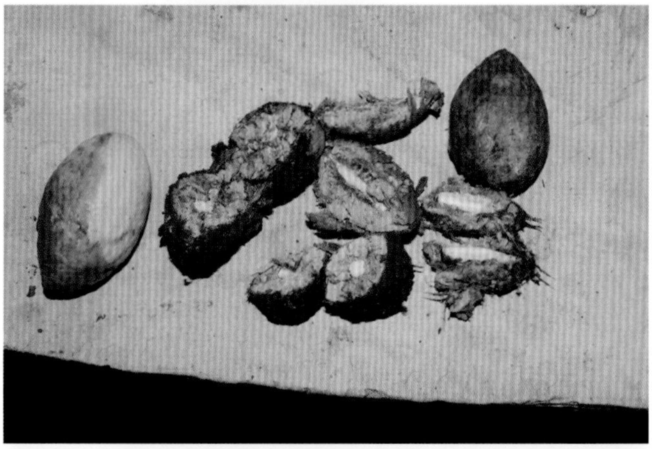

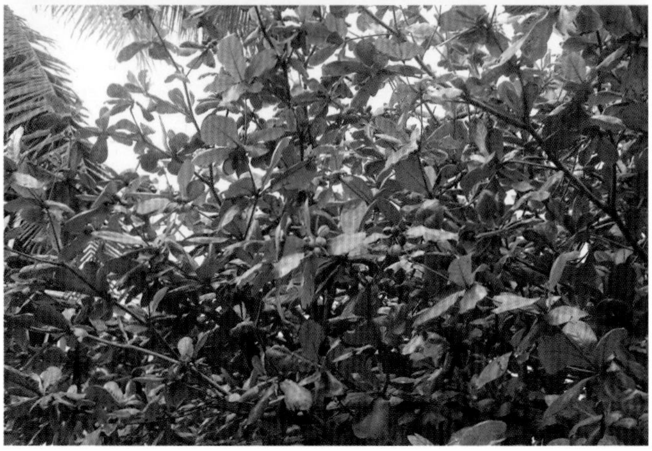

（22）银毛树 *Tournefortia argentea* L. f. [紫草科]

形态特征：灌木至小乔木。小枝密生柔毛。叶倒披针形或倒卵形，叶片肉质，表面密被绒毛以防止水分过度蒸发。镰状聚伞花序顶生，呈伞房状排列，密生短柔毛；花冠白色，筒状。核果近球形，无毛。花期 1—4 月，果期 5—8 月。

产地和分布：台湾、海南（西沙群岛）；日本、菲律宾、越南、印度尼西亚、斯里兰卡、澳大利亚及太平洋群岛、东非海岸。

生物学特性：生长适温为 23~32℃，喜高温、湿润和阳光充足的环境，耐盐碱，抗强风，耐干旱，不耐寒和荫蔽，抗逆性强，适生于热带地区滨海沙地、珊瑚礁或树林中，可供防风定沙用，是热带岛屿理想的造林树种之一。

育苗和栽培技术：用当年无病虫害的种子育苗，或者自春末至秋初期间用粗壮嫩枝扦插育苗。插穗栽培土质以沙土为佳。生根的最适温度为 20~30℃，空气的相对湿度在 75%~85%，保持低光照强度。也可进行压条育苗。

（23）杜楝 *Turraea pubescens* Hellen [楝科]

形态特征：灌木至小乔木。幼枝被黄色柔毛。叶片椭圆形或卵形。总状花序腋生，伞房花序状，有花 4~5 朵；花瓣 5 枚，白色，线状匙形。蒴果球形，有种子 5 颗；种子肾形。花期 4—7 月，果期 8—11 月。

产地和分布：广东、海南、广西等省区；印度、印度尼西亚等。

生物学特性：生于低海拔山地或海边疏林和灌丛中。

育苗和栽培技术：种子育苗。

4.4.2.2 草本、匍匐或攀缘植物

（1）海芋 *Alocasia odora* (Roxb.) K. Koch [天南星科]

形态特征：大型常绿草本。茎匍匐或直立，基部有不定芽条。叶多数，集生于茎顶，粗厚；叶片盾状；叶柄长可达 1.5 m。花序柄 2~3 枚丛生；佛焰苞管部绿色，檐部蕾时绿色，花时黄绿色、绿白色；肉穗花序芳香，雌花序白色，不育雄花序绿白色，能育雄花序淡黄色。浆果红色，卵状。花果期全年。

产地和分布：福建、台湾、广东、广西等省区；南亚至东南亚。

生物学特性：热带和亚热带地区常见，常成片生长于林缘或河谷林下。性喜温暖湿润及半阴的环境，生长适温为 20~30℃，不耐寒冷。对土壤要求不高。

育苗和栽培技术：种子育苗或分株繁殖。

（2）假马齿苋 *Bacopa monnieri* (L.) Wettst. [车前科]

形态特征：匍匐草本。节上生根，多少肉质，无毛。叶无柄，矩圆状倒披针形，顶端圆钝。花单生叶腋；花冠蓝色，紫色或白色。蒴果长卵状，顶端急尖，4 片裂；种子椭圆状，表面具纵条棱。花期 5—10 月。

产地和分布：福建、台湾、广东等省区；世界热带地区。

生物学特性：生于水边、湿地及沙滩，能适应淡盐水环境生长。近年来，假马齿苋作为一种特色野生蔬菜栽培。

育苗和栽培技术：种子育苗或切段扦插育苗，也可进行组织育苗（李旭群 等，2008）。

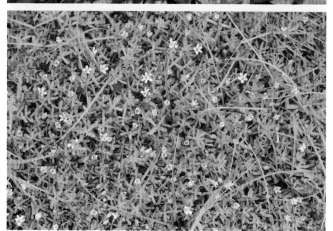

（3）刺果苏木 *Caesalpinia bonduc* (L.) Roxb. [豆科]

形态特征：藤本。具直或弯曲的刺，被黄色柔毛。叶轴有钩刺；羽片对生；小叶 6~12 对。总状花序腋生，具长梗；花瓣黄色，最上面一片有红色斑点。荚果长圆形，顶端有喙，外面具细长针刺；种子近球形。花期 8—10 月，果期 10 月至翌年 3 月。

产地和分布：台湾、广东、香港、澳门、广西等省区；世界热带地区。

生物学特性：典型的滨海耐盐植物，多生于沙质海滩内缘的开阔地带，与露兜树、仙人掌等形成沙生刺灌丛，有时可以生长在高潮带泥沙地。

育苗和栽培技术：结实量大，种源丰富，用种子育苗即可。

（4）小刀豆 *Canavalia cathartica* Thouars [豆科]

形态特征：草质藤本。羽状复叶具 3 小叶；小叶
纸质，卵形，先端急尖或圆，基部宽楔形、截平或圆。
花 1~3 朵生于花序轴的每一节上；花冠粉红色或近紫
色，旗瓣圆形，顶端凹入。荚果长圆形，膨胀，长约
宽的 2 倍；种子 5~6 颗，椭球形，种皮褐黑色，硬而
光滑。花果期 3—10 月。

产地和分布：台湾、广东、海南等省区；热带亚
洲、大洋洲、非洲。

生物学特性：生于海滨或河滨，有时在近海边的
山坡空旷处，攀缘于石壁或灌木上。

育苗和栽培技术：同海刀豆。

（5）狭刀豆 *Canavalia lineata* (Thunb.) DC. [豆科]

形态特征：多年生缠绕草本。羽状复叶具 3 小叶；小叶卵形或倒卵形，先端圆或具小尖头。总状花序腋生；花冠淡紫红色；旗瓣宽卵形。荚果长椭圆形，扁平，长约为宽的 3 倍，厚约 1 cm；种子卵形。花期秋季。

产地和分布：浙江、福建、台湾、广东、广西等省区；日本、朝鲜、菲律宾、越南至印度尼西亚。

生物学特性：多生于海边沙壤土或海堤旷地上，为典型的滨海植物。

育苗和栽培技术：种子发芽率在 90% 以上，易开展播种繁殖。扦插育苗时用生根剂处理，可以提高成活率。

（6）海刀豆 *Canavalia maritime* (Aubl.) Thou. [豆科]

形态特征：草质藤本。羽状复叶具 3 小叶，小叶倒卵形至近圆形，先端通常圆，截平、微凹或具小凸头，基部楔形至近圆形。总状花序腋生，连总花梗长达 30 cm；花冠紫红色，旗瓣圆形，顶端凹入。荚果线状长圆形，长为宽的 4~5 倍；种子 8~10 颗，椭球形。花期 6—7 月，果期 7—10 月。

产地和分布：我国东南部至南部各地；全球热带海岸。

生物学特性：多生于海边沙壤土、红树林林缘或海堤上，为典型的滨海植物。喜高温、湿润和阳光充足的环境，耐盐，抗风，耐旱，耐高温，不耐阴，生性强健，蔓茎扩张力强，是优良的防风固沙植物。

育苗和栽培技术：同狭刀豆。

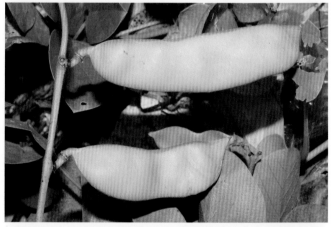

（7）文殊兰 *Crinum asiaticum* L. [石蒜科]

形态特征：多年生粗壮草本。鳞茎长柱形。叶 20~30 片，多列，带状披针形，顶端渐尖，具一急尖的尖头。花茎直立，伞形花序有花 10~24 朵，佛焰苞状总苞片披针形；花被裂片线形，白色。蒴果近球形；通常种子 1 颗。花期 5—9 月，果期 8—11 月。

产地和分布：福建、台湾、广东、海南、广西等省区；东半球热带地区。

生物学特性：性喜温暖、湿润、光照充足、肥沃沙壤土环境，不耐寒，耐盐碱土，常生于海滨地区和河旁沙地，甚至在红树林林缘的淤泥质滩涂，为典型的滨海植物。对土壤要求不严，但以肥沃、疏松和排水良好的沙壤土为好。

育苗和栽培技术：常采用分株繁殖和种子育苗。

病虫害防治：高温潮湿时，叶片和叶基部易发生叶斑病和叶枯病，应加强管理，及时清除病叶，保持通风，发病初期可用化学方法防治。

（8）珊瑚菜 Glehnia littoralis F. Schmidt ex Miq. [伞形科]

形态特征：多年生草本。基生叶具柄，叶柄基部宽鞘状；叶片轮廓呈卵形或宽三角状卵形，三出式分裂或之回羽状分裂。复伞形花序顶生，总梗长 4~10 cm，密生白色或灰褐色绒毛。双悬果圆球形或椭圆形，果棱木质化，翅状，有棕色毛。花期 4—7 月，果期 6—8 月。

产地和分布：北自辽宁，南至广东均有生长；朝鲜、日本、俄罗斯。

生物学特性：喜温暖湿润，主根深入沙层，能抗寒，耐干旱；适宜在平坦的沿海沙滩或排水良好的沙土和沙壤土中生长，对肥力的要求不严，忌黏土和积水洼地。抗碱性强，为盐碱土的指示植物，在沙滩上形成海滨植物群落。

育苗和栽培技术：种子育苗。珊瑚菜在不同的生长发育阶段对气温的要求不同，种子萌发必须通过低温阶段，营养生长期内在温和的气温条件下发育较快（李红芳 等，2009）。

（9）海岛藤 *Gymnanthera oblonga* (Burm. f.) P. S. Green [夹竹桃科]

形态特征：木质藤本，具乳汁。叶纸质，长圆形，顶端钝，具小尖头。聚伞花序腋生；花冠高脚碟状，黄绿色，花冠筒圆筒形；副花冠5裂，裂片倒三角形，上部阔厚，顶端具小尖头，基部渐狭。蓇葖果叉生，长披针形；种子长圆形，具白色绢质种毛。花期6—9月，果期冬季至翌年春季。

产地和分布：广东、海南等省；柬埔寨、印度尼西亚、新几内亚、菲律宾、泰国、越南、澳大利亚。

生物学特性：常生于海边沙地或水旁岩石上。

育苗和栽培技术：种子育苗或扦插育苗。

（10）厚藤 *Ipomoea pes-caprae* (L.) Sweet [旋花科]

形态特征：多年生藤本。叶卵形至长圆形，顶端微缺或 2 裂，基部阔楔形、截平至浅心形。多歧聚伞花序，腋生；花冠紫色或深红色，漏斗状。蒴果球形；种子三棱状圆形。花果期 5—10 月。

产地和分布：浙江、福建、台湾、广东、海南、广西等省区；世界热带地区。

生物学特性：喜高温、干燥和阳光充足的环境，多生长在沙滩上及路边向阳处。抗风，耐旱，耐盐，耐沙埋，生长速度快，病虫害少。茎节生根，既可稳定植株，又可深入底层吸收水分，适应强劲海风吹袭，可改变沙地微环境，以利于其他植物生长，具有美化海岸及固沙功用，是典型的沙砾海滩植物，常被选用为防风定沙先锋植物。

育苗和栽培技术：种子育苗。播种前，采用机械处理或用 98% 的硫酸浸泡 90 min，去除坚硬种皮，可显著提高种子的萌发率，其发芽的适宜温度为 20~25℃（刘建强 等，2011）。

（11）蔓茎栓果菊 *Launaea sarmentosa* (Willd.) Merr.
[菊科]

形态特征：多年生草本。茎柔弱，匍地生长，节上常生不定根；主根肥厚。叶簇生，在茎基部或茎节上呈莲座状排列，倒披针形或倒长卵形，顶端圆或钝，羽状半裂或浅裂或大头羽状浅裂。头状花序单生叶腋，舌状花 10 余朵，舌片黄色。瘦果圆柱形，有 5 条粗棱；冠毛白色。花果期 4—12 月。

产地和分布：广东、海南等省；斯里兰卡、印度、埃及及非洲西部。

生物学特性：海边沙地常见植物，具有柔软细长的匍匐茎，可沿沙滩表面向四周伸展，并通过营养繁殖的方式，在匍匐茎节上生长出不定根和叶片，形成新的植株。幼嫩的匍匐茎柔软，可以随风摆动调整它的生长角度，在沙埋不深的情况下，可以始终沿着沙滩表面生长。其肉质叶片和肉质根的存在，会有效地提高植物的抗旱能力，是固沙性能好、易于种植的地被植物，具有易栽植、成活率高、生长快等特点。

育苗和栽培技术：种子育苗；也可通过匍匐茎节上萌生不定根和新叶形成新的单株，进行营养繁殖。在匍匐茎上先截取带不定根的单株，采用营养袋育苗，约 30 d 即可移植至海滩。

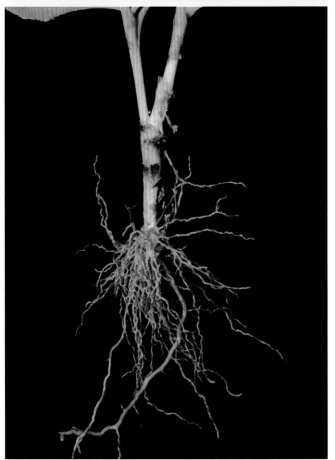

（12）盒果藤 *Operculina turpethum* (L.) S. Manso [旋花科]

形态特征：多年生草质藤本。茎常螺旋扭曲，有3~5翅。叶宽卵形至卵状长圆形，先端锐尖、渐尖或钝，基部心形、截形或楔形。聚伞花序生于叶腋；花冠白色或粉红色、紫色，宽漏斗状。蒴果扁球形；种子4颗，卵圆状三棱形，黑色。花果期10月至翌年4月。

产地和分布：台湾、广东、海南、香港、广西等省区；亚洲、大洋洲、非洲。

生物学特性：泛热带植物，常见于近海平地、溪边、山谷路旁灌丛向阳处。

育苗和栽培技术：种子育苗。

（13）芦苇 *Phragmites australis* Trin. ex Steud. [禾本科]

形态特征：多年生水生或湿生的高大禾草。根状茎十分发达。秆高 1~3 m，具 20 多节。叶披针状线形，无毛，顶端长渐尖成丝状。圆锥花序大型，长 20~40 cm，无毛；小穗长 13~20 mm，有 4 朵小花。颖果长约 1.5 mm。花果期 8—12 月。

产地和分布：我国各省区；全球广布。

生物学特性：典型的湿地植物，对气候、土壤要求不严，并且耐盐、耐浸、耐旱。芦苇是广域耐盐型植物，具有较宽的生态幅与适应性，可在淡水和含盐量很高的土壤中生长。在华南沿海，芦苇经常在红树林林缘出现，往往形成单优群落，是优良的固滩护堤植物和净化水体植物。在水深 20~50 cm，流速缓慢的河、湖，可形成高大的禾草群落，成为"禾草森林"。

育苗和栽培技术：芦苇具有横走的根状茎，根状茎具有很强的生命力，能较长时间埋在地下，一旦条件适宜，即可发育成新枝。也能以种子育苗，种子可随风传播。

（14）卡开芦 *Phragmites karka* (Retz.) Trin. ex Steud.
[禾本科]

形态特征：多年生草本。根状茎粗壮。秆高大、直立，粗壮，不具分枝；叶扁平，顶端长渐尖成丝形。圆锥花序大型，具稠密分枝。花期8—9月，果期11—12月。

产地和分布：福建、台湾、广东、海南、广西等省区；南亚至东南亚、非洲、大洋洲。

生物学特性：生于江河湖岸与溪旁湿地，为海岸或河口湿地地区良好的恢复植物。

育苗和栽培技术：根茎繁殖。

（15）鬣刺 *Spinifex littoreus* (Brum. f.) Merr. [禾本科]

形态特征：多年生刚硬草本，小灌木状。茎匍匐，须根生于节上，长而坚韧。秆粗壮、坚实，表面被白蜡质，平卧地面部分长达数米。叶线形，下部对折，上部卷成针状，常成弓状弯曲。雄穗轴有数枚小穗，顶端延伸于顶生小穗之上而成针状；雌穗轴针状，粗糙。花果期夏秋季。

产地和分布：福建、台湾、广东、海南、广西等省区；印度、缅甸、斯里兰卡、马来西亚、越南、菲律宾。

生物学特性：适生于干旱、贫瘠、高盐分的半湿润至干旱盐渍粗、细沙滩，沙埋后易生出不定根，为良好的固沙植物。

育苗和栽培技术：扦插育苗。

（16）番杏 *Tetragonia tetragonioides* (Pall.) Kuntze [番杏科]

形态特征：肉质草本，表皮细胞内有针状结晶体，呈颗粒状突起。叶片卵状菱形或卵状三角形。花单生或 2~3 朵腋生；花被裂片 3~5 枚，内面黄绿色。坚果陀螺形，具 4~5 钝棱；种子小，数粒。花果期 3—10 月。

产地和分布：江苏、浙江、福建、台湾、广东、广西、海南等省区；非洲、亚洲东部、大洋洲、南美洲。

生物学特性：根系发达，适应性强，较耐碱，广泛生长于海岸沙地、红树林林缘及基岩海岸高潮线附近。具有耐低温、耐肥、不耐旱的特点，湿润的气候条件有利其生长。生长适温 15~25℃，但在 1~2℃的低温和 30℃的高温下也可正常生长。

育苗和栽培技术：果实成熟后采收，用 50℃左右

的水浸泡 24 h，然后捞起保温保湿，待种子部分萌芽后穴播和撒播（赖正锋 等，2007）。

病虫害防治：病虫害少，但有病株时应立即拔去，以防传播。主要虫害为蚜虫和斜纹夜蛾，可用吡虫啉或其他药剂喷治，菜青虫可用 BT 乳剂或烟碱乳剂防治。

（17）蒺藜 *Tribulus terrestris* L. [蒺藜科]

形态特征：草本。茎平卧。偶数羽状复叶；小叶对生，长圆形或斜短圆形，先端锐尖或钝，基部稍偏科。花腋生，花黄色。果有分果瓣 5，中部边缘有锐刺 2 枚，下部常有小锐刺 2 枚，其余部位常有小瘤体。花期 5—8 月，果期 6—9 月。

产地和分布：全国各地和全球温带地区。

生物学特性：特别适生于沙地生境，也可在荒丘、田野、河边草丛地和山坡生长，适应性广。

育苗和栽培技术：种子育苗。

（18）香蒲 *Typha orientalis* Presl. [香蒲科]

形态特征：多年生宿根性沼泽草本。根状茎白色，长而横生，节部处生许多须根。茎圆柱形，直立；叶扁平带状，无毛。花单性，雌雄花序紧密相连；雄花序生于上部，雌花序生于下部，与雄序等长或略长，两者中间无间隔，紧密相连。小坚果椭圆形至长椭圆形；果皮具褐色长形斑点；种子褐色。花果期5—8月。

产地和分布：我国东北、华北、华东、华南和东南等省区；菲律宾、日本、俄罗斯、澳大利亚。

生物学特性：生于湖泊、池塘、沟渠、沼泽及河流缓流处或红树林内缘，属非地带性植物，广泛分布我国全境，对土壤、水质要求不严，能净化生活污水或工矿废水，是良好的湿地恢复物种。在河口海岸区，常与芦苇形成盐生水草海岸，在含盐量达5.5‰的生境中能正常生长。

育苗和栽培技术：采用无性繁殖。挖取假茎较粗、叶片较宽、呈葱绿色、有光泽、生长健壮、带部分根和根状茎的香蒲苗作种苗。

病虫害防治：主要病害为黑斑病和褐斑病。黑斑病可用百菌清防治，褐斑病发病严重时可喷洒多菌灵或代森锰锌防治。

（19）滨豇豆 *Vigna marina* (Burm.) Merr. [豆科]

形态特征：多年生匍匐或攀缘草质藤本。羽状复叶具 3 小叶；小叶近革质，卵圆形或倒卵形，先端浑圆，钝或微凹，基部宽楔形或近圆形。总状花序；花冠黄色。荚果线状长圆形，微弯，肿胀；种子黄褐色或红褐色，长圆形。花期夏、秋、冬季。

产地和分布：台湾、广东、海南等省；热带沿海地区。

生物学特性：生于海边沙地，为良好的固沙植物。

育苗和栽培技术：种子育苗。

（20）单叶蔓荆 *Vitex rotundifolia* L. f. [唇形科]

形态特征：灌木。茎匍匐，节处常生不定根。单叶对生，叶片倒卵形或近圆形，顶端通常钝圆或有短尖头，基部楔形，全缘。圆锥花序顶生，花萼钟形；花冠淡紫色或蓝紫色，外面及喉部有毛。核果近球形，成熟时黑色；果萼宿存，外被灰白色绒毛。花期7—8月，果期8—10月。

产地和分布：福建、台湾、广东、海南、广西等省区；日本、菲律宾及大洋洲。

生物学特性：喜光照，抗风、抗旱、抗盐碱能力，具有匍匐生长、根系深、沙埋生根、扩繁能力强的特点，在滨海沙地植物演替中，是最先侵入半固定沙地的木本植物之一，可扎根于海边沙滩、石砾堆、岩石缝，甚至珊瑚礁岩上，可改善土壤养分循环，是沿海沙质海岸适生的优良灌木树种，具有良好的固沙保土性能（乔勇进 等，2001）。

育苗和栽培技术：种子育苗、扦插育苗、分株育苗或压条育苗（陈丽 等，2001）。

病虫害防治：主要虫害为吹绵蚧，可通过清除杂草、枝叶和喷洒石硫合剂或敌敌畏等防治。

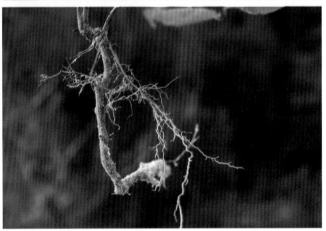

（21）孪花蟛蜞菊 *Wollastonia biflora* (L.) DC. [菊科]

形态特征：直立草本。茎稍粗壮，具分枝。茎下部与中部叶卵形至卵状披针形，先端渐尖，边缘具锯齿。头状花序，单生或双生于叶腋和枝端；舌状花 1 层，舌片黄色。瘦果倒卵形。花果期几乎全年。

产地和分布：台湾、广东、海南、广西等省区；印度、印度尼西亚、马来西亚、菲律宾、日本及大洋洲。

生物学特性：生于低海拔地区草地、林下、灌丛及海岸边干燥沙地上，在红树林分布地的边缘常见。

育苗和栽培技术：扦插育苗，成活率高。

4.4.3 适于潮间带植被恢复的植物

潮间带是海陆之间的群落交错区，其特点是有周期性的潮汐变化。生活在潮间带的植物除了要防止海浪冲击，还要受到盐度和水淹等的影响，发育出复杂多样的生理生态适应特征。我国有盐生植物 423 种，它们具有较强的耐盐碱能力，能在 0.33 MPa 盐水土壤中正常生长并完成生活史（赵可夫 等，1999；赵可夫 等，2013）。华南地区潮间带的盐生植物主要包括了红树林植物及其伴生种和其他一些耐盐碱的海滨草本和灌木种类。

红树林是生长在热带、亚热带海岸潮间带特有的植物。不同的学者对我国红树林植物的种类有不同的理解，尤其是对半红树林植物的划分有不同的标准。在综合国内外的资料的基础上，根据生产实际的需要，将那些红树林、半红树林植物以及常与红树林群落伴生的植物在本节进行了描述（Tomlinson，1990；陈桂葵 等，1998；Nehru et al，2011；Stringer et al，2015）。据不完全统计，我国红树植物群落中有 40 多种乡土真红树林和半红树植物以及约 30 种红树林伴生的植物，这些种类对生境的适应性各有不同。随着纬度的升高，在环境因子的影响下，红树林植物群落中的种类组成由南向北逐渐减少，群落中乔木优势类群也逐渐被灌木取代（廖宝文 等，2014）。

4.4.3.1 红树林植物

（1）卤蕨 *Acrostichum aureum* L. [凤尾蕨科]

形态特征：植株高 1~2 m。根状茎先端密被褐棕色的阔披针形鳞片。叶簇生，柄长 30~60 cm，基部褐色并被鳞片；叶片长 0.6~2 m，宽 0.3~0.6 m；羽片多数，（15~35）cm ×（2~3）cm，先端钝圆并有小突尖，或凹缺而呈双耳状，凹入处有小突尖，基部楔形。叶厚革质，干后黄绿色，光滑。孢子囊沿网脉着生，并有头状且分裂的隔丝混生，密布于能育羽片下面，无盖；孢子三角圆形。

产地和分布：福建、台湾、广东、香港、澳门、海南、广西等省区；亚洲、非洲、美洲、大洋洲热带海岸。

生物学特性：生于海边泥滩上，为嗜热广布性种类，常见于红树林的内侧边缘。

育苗和栽培技术：孢子繁殖和分株繁殖。分株繁殖较为简单，成活率高。

（2）老鼠簕 *Acanthus ilicifolius* L. [爵床科]

形态特征：直立灌木。叶片长圆形至长圆状披针形，先端急尖，基部楔形。穗状花序顶生，密花；花冠白色或淡紫色，花冠管长约 7 mm，上唇极退化，下唇阔大。蒴果椭圆球形；种子淡黄色。花期 4—6 月，果期 7—9 月。

产地和分布：福建、广东、香港、澳门、海南、广西等省区；印度、斯里兰卡、印度尼西亚、菲律宾、澳大利亚等。

生物学特性：耐寒能力强，喜光而不耐荫蔽，抗旱性强，适合生长于沙质或泥质滩涂，多生于潮汐、海岸或海滨地带，为红树林的重要组成种类之一。

育苗和栽培技术：种子育苗或分株繁殖。以种子育苗为主，种子萌发及幼苗生长能适应较低的盐度环境（诸姮 等，2008）。

（3）桐花树 *Aegiceras corniculatum* (L.) Blanco [报春花科]

形态特征：灌木或小乔木。叶互生，于枝条顶端近对生，叶片革质，倒卵形、椭圆形或广倒卵形。伞形花序，有花 10 余朵；花冠白色。蒴果状浆果圆柱形，弯曲，顶端渐尖。花期 10 月至翌年 4 月，果期 10—12 月或翌年 2 月。

产地和分布：福建、台湾、广东、香港、澳门、海南、广西等省区；印度、菲律宾、太平洋群岛、澳大利亚等。

生物学特性：生于海边潮水涨落的污泥滩上，尤其在滩涂的外缘或河口的交汇处分布较多，具有很强的抗寒和耐淹能力，同时具有一定的耐盐性和泌盐性，为红树林重要组成树种，也是红树林种中的广布种。

育苗和栽培技术：果实（隐胎生胚轴）繁殖。将经催芽好的果实直接点播于营养袋中，以插入土 1~2 cm 为宜（廖宝文 等，1998）。桐花树苗木生长较慢，在育苗期要施用适量的尿素（王杰瑶 等，2009）。

病虫害防治：主要虫害为小斑螟、柑橘长卷蛾、桐花毛颚小卷蛾、白缘蛀果斑螟、荔枝异形小卷蛾、丽绿刺蛾、白骨壤潜叶蛾及黑口滨螺、黑线蜒螺、藤壶等，发现后及时用敌敌畏、敌百虫等防治（李惠芳，2013）。

（4）白骨壤 *Avicennia marina* (Forssk.) Vierh. [爵床科]

形态特征：灌木。叶片近无柄，革质，卵形至椭圆形，顶端钝圆，基部楔形。聚伞花序紧密成头状，花序梗长 1~2.5 cm；花小，花冠黄褐色，顶端 4 裂。果为隐胎生，近球形。花果期 7—10 月。

产地和分布：福建、台湾、广东、香港等省区；非洲东部至印度、马来西亚及大洋洲。

生物学特性：生于海边和盐沼地带，对土肥力要求不高，能生于沙质海滩滩涂上，抗盐能力较强，在海水盐度为 33‰ 的海滩上能正常更新，是我国红树植物中分布较广、抗性较强的造林先锋树种，其抗寒能力仅次于秋茄（陈元献 等，2012）。

育苗和栽培技术：种子育苗。常采用营养袋育苗（陈伟 等，2006）。种子浸泡于水中后，放于日照下，促进种子的萌芽。苗高 5~15 cm 期间，容易出现种子腐烂现象，每隔 5 d 喷百菌清，可以防止种子腐烂，提高成活率。

病虫害防治：育苗时可用百菌清浸种杀菌，发芽期间可喷波尔多液加以防护。主要虫害为卷叶蛾和螟蛾科幼虫，可喷敌敌畏加适量敌百虫加以防治。白骨壤种子富含淀粉，有甜味，易被老鼠、螃蟹等啃食，要加强预防。成林白骨壤主要虫害为广州小斑螟、小袋蛾、白骨壤潜叶蛾、瘿螨、白骨壤蛀果螟、三点广翅蜡蝉、胸斑天牛等，其中广州小斑螟曾在深圳福田、广西北海等地爆发过（李惠芳，2013）。

（5）木榄 *Bruguiera gymnorhiza* (L.) Savigny [红树科]

形态特征：乔木。树干基部有板状或膝状支柱根，树皮灰色且有粗糙裂纹；叶椭圆状长圆形，顶端短尖，基部楔形。花单生；萼管平滑无棱，暗黄红色；花瓣长 1.1~1.3 cm。果包藏在萼管内且与其合生；种子 1 颗，在未离开母树时萌发（胎生）。花果期几乎全年。

产地和分布：福建、台湾、广东、海南、广西等省区；南亚至东南亚、非洲、大洋洲、太平洋群岛。

生物学特性：喜生于稍干旱、空气流通、伸向内陆的浅海盐滩，多散生于秋茄树的灌丛中。本种在我国分布广，是构成我国红树林的优势树种之一。

育苗和栽培技术：直接用胚轴插植造林（刘治平，1991）。造林地应选择位于最高潮水线附近稍为硬实的高滩地带，最好是河流出海处盐度较低的滩涂。苗木定根后，可施肥和补苗，以促进苗木生长和提高成活率。

（6）海莲 *Bruguiera sexangula* (Lour.) Poir. [红树科]

形态特征：乔木或灌木。叶长圆形或倒披针形。花单生，花萼鲜红色，萼筒有明显的纵棱，常短于裂片，裂片 9~11；花瓣金黄色，边缘具长粗毛，2 裂。胚轴长 20~30 cm。花果期秋冬季至翌年春季。

产地和分布：海南；印度、斯里兰卡、马来西亚、泰国、越南。

生物学特性：生于滨海盐滩或潮水到达的沼泽地，为主要的红树林物种之一。

育苗和栽培技术：直接用胚轴插植造林。

（7）角果木 *Ceriops tagal* (Perr.) C. B. Rob. [红树科]

形态特征：灌木或乔木。树皮灰褐色，近平滑，有细小的裂纹；枝有明显的叶痕；叶倒卵形、匙形或倒卵状长圆形，顶端圆形或微凹，基部楔形。聚伞花序腋生；花小，花瓣白色。果实圆锥状卵形；胚轴长15~30 cm，有明显的纵棱。花期秋季，果期 1—4 月，胚轴成熟脱落期为 6—8 月。

产地和分布：台湾、广东、海南等省；南亚至东南亚、澳大利亚、非洲东部。

生物学特性：嗜热，喜光，耐盐性中等，很不耐海水淹没和风浪冲击，没有明显的支柱根，仅借基部侧根变粗而起支持作用，多生长在热带泥滩或微带黏性的沙壤土，为红树林组成树种之一。

育苗和栽培技术：扦插育苗。初期注意遮阴，每天要根据盐度的变化和光线强弱调整浇水量（陈燕 等，2013）。

病虫害防治：苗期病害较少，偶发立枯病和炭疽病，发现病株要及时拔除，滩涂苗圃不能施用农药，以免污染海水。螃蟹常危害其根部及茎部，以人工捕抓为主。

（8）海漆 *Excoecaria agallocha* L. [大戟科]

形态特征：乔木。枝具皮孔。叶互生，椭圆形或卵状长圆形。花单性，雌雄异株，聚集成腋生、单生或双生的总状花序，雄花序长 3~4.5 cm，雌花序总状，较短。蒴果球形，具 3 沟槽；种子球形。花果期 1—9月。

产地和分布：台湾、广东、香港、海南、广西等省区；日本及南亚至东南亚、大洋洲、太平洋群岛。

生物学特性：生于海陆交错区的高潮带或超高潮带的盐碱地上，对土壤要求不高，在潮湿贫瘠的沙砾土或潮沟边较高的地方均可生长，生长速度较快，为常见的红树林种类，是红树林造林的先锋树种之一。

育苗和栽培技术：种子育苗，随采即播于营养土中，苗床要选在高潮地带。低温和高盐度会抑制苗木的生长（钟才荣 等，2010）。

病虫害防治：主要虫害为七星盾背蝽，常啃食海漆果实，但影响不大。

（9）秋茄 *Kandelia obovata* Sheue, Liu & Yong [红树科]

形态特征：灌木或小乔木。叶长圆形至倒卵状长圆形。二歧聚伞花序，腋生，有花 4~9 朵；花瓣白色，膜质，短于萼片。胚轴瘦长，长 12~20 cm，形状似笔。花期 4—8 月，果期 8—10 月。

产地和分布：浙江、福建、台湾、广东、香港、海南、广西等省区；日本及东南亚。

生物学特性：典型的红树林植物中的"胎生植物"，也是分布最广、最能耐寒的种类，多生长在河流入海口较平坦的泥滩上。种子在果实离母树前即萌发，形成细长的胚轴，即为"胎生苗"。研究表明，生长于我国北部秋茄的抗寒能力要比南部的居群强，因此，在育苗选种时要考虑其种源的适应性。

育苗和栽培技术：宜采用胚轴（胎生苗）直接插植造林（刘治平，1991），成活率可达 90% 以上。秋茄幼苗容易受到林内昆虫和螃蟹等动物取食的影响。秋茄为喜光照植物，在林隙下的小苗生长速度要比林荫下的高。

病虫害防治：主要病虫害为根基腐病、红树卷叶蛾、小袋蛾、潜叶蛾、三点广翅蜡蝉、考氏白盾蚧等（李惠芳，2013）。栽植前应对胚轴进行杀菌、杀虫处理，若发现病株，应及时清除，在海水返潮时撒上石灰消毒，以防传染。若发现卷叶蛾或袋蛾，可在幼虫期用生物农药苦参素防治。

（10）红榄李 *Lumnitzera littorea* (Jack) Voigt [使君子科]

形态特征：小乔木，有细长的膝状出水面呼吸根。叶互生，常聚生枝顶，叶片肉质而厚，倒卵形或倒披针形，先端钝圆或微凹。总状花序顶生；花瓣 5 枚，红色，长圆状椭圆形。果纺锤形。花期 4—6 月和 10—12 月，果期 4—8 月和 1—2 月。

产地和分布：海南；南亚至东南亚、澳大利亚、太平洋群岛。

生物学特性：热带红树林演替后期的种类，对光照、温度和生境的要求非常高，分布区十分狭窄。

育苗和栽培技术：我国红榄李的种子有严重败育现象。仅 1997 年的种子萌发试验得到 3‰ 的发芽率，应运用嫁接、扦插或组培等综合技术对这一物种进行繁殖（张颖 等，2013）。

（11）红树 *Rhizophora apiculata* Blume [红树科]

形态特征：乔木或灌木。叶椭圆形至长圆形。总
花梗比叶柄短，有花 2 朵；无花梗，有杯状小苞片；
花萼裂片长三角形；子房上部钝圆锥形，花柱极不明
显。果实倒梨形；胚轴圆柱形。花果期几乎全年。

产地和分布：海南、广西等省区；东南亚、非洲
东部、太平洋群岛、澳大利亚北部。

生物学特性：喜生于盐分较高的泥滩，在淤泥冲
积丰富的海湾两岸盐滩上生长茂密，常形成单种优势
群落。不耐寒，抗风性差，常与其他红树林种类构成
红树群落的外围屏障。

（12）红海榄 *Rhizophora stylosa* Griff. [红树科]

形态特征：乔木或灌木，有发达的支柱根。叶椭圆形或长椭圆形，顶端凸尖或微钝，基部阔楔形。聚伞花序，腋生，有花2至多朵；花具短梗；花瓣密被白色长毛。胚轴圆柱形，长30~40 cm。花果期春秋季。

产地和分布：台湾、广东、海南、广西等省区；马来西亚、菲律宾、印度尼西亚、新西兰、澳大利亚。

生物学特性：嗜热、强阳性树种，生于沿海盐滩红树林的内缘，由于红海榄具有发达的支柱根，更能抵御海浪的强烈冲击和消减对海岸的冲蚀作用。

育苗和栽培技术：将成熟健康的胚轴用多菌灵或氟虫腈进行消毒处理，然后插植于由黄心土、火烧土等制成的营养土中，并施用适量复合肥。苗床建立在潮滩上，但要注意防止螃蟹的危害。

病虫害防治：主要虫害为广州小斑螟、白囊袋蛾、小袋蛾、考氏白盾蚧等，采用诱虫灯进行诱杀，也可以用海水喷洒控制虫害。

（13）海桑 *Sonneratia caseolaris* (L.) Engl. [千屈菜科]

形态特征：乔木。叶阔椭圆形至倒卵形，顶端钝尖或圆形，基部渐狭而下延成一短宽的柄。花单生或几朵聚生于近下垂的小枝顶端；花瓣条状披针形，暗红色；花丝粉红色或上部白色，下部红色；花柱柱头头状。浆果，扁球形，直径 4~5 cm；种子生于果肉中，小，多数。花期秋冬季，果期春夏季。

产地和分布：广东、海南等省；东南亚、澳大利亚。

生物学特性：耐低温，能忍受偶然性的轻霜（最低温度可达 -2~4℃）；耐水淹，对土壤适应性强，由粉壤到黏土均能正常生长。种植种群一般为集群分布，防风防浪效果很好。

育苗和栽培技术：种子育苗。造林后，应搭建牢固塑料网围住造林地，防止水中漂浮物覆盖。

（14）木果楝 *Xylocarpus granatum* J. Koenig [楝科]

形态特征：乔木或灌木。小叶通常 4 片，对生，椭圆形至倒卵状长圆形，先端圆形，基部楔形至宽楔形。花组成疏散的聚伞花序，复组成圆锥花序，有花 1~3 朵。蒴果球形，具柄，直径 10~12 cm，有种子 8~12 颗；种子有棱。花果期 2—11 月。

产地和分布：海南；亚洲和非洲的热带海岸及大洋洲北部。

生物学特性：生于浅水海滩的红树林中。

育苗和栽培技术：种子育苗。

4.4.3.2 半红树及潮间带盐生植物

（1）匍匐滨藜 *Atriplex repens* Roth ［苋科］

形态特征：匍匐状灌木。茎外倾或平卧，下部常生有不定根。叶互生，叶片宽卵形至卵形，肥厚，两面均为灰绿色，有密粉，先端圆或钝，基部宽楔形至圆形。花于枝的上部集成有叶的短穗状花序。胞果扁，卵形，果皮膜质；种子红褐色至黑色。花果期 12 月至翌年 1 月。

产地和分布：海南；印度、阿富汗及东南亚地区。

生物学特性：嗜热植物，耐盐碱，生于海滨空旷沙地或潮湿盐渍沙滩上。

育苗和栽培技术：种子育苗或扦插育苗。

（2）滨玉蕊 *Barringtonia asiatica* (L.) Kurz. [玉蕊科]

形态特征：常绿乔木。叶丛生枝顶，近革质，倒卵形或倒卵状矩圆形，顶端钝形或圆形，微凹头而有一小凸尖，基部通常钝形。总状花序直立，常顶生；花梗长 4~6 cm；花瓣 4 枚，椭圆形或椭圆状倒披针形。果实卵形或近圆锥形，常有 4 棱，中果皮海绵质，内果皮富含纵向交织的纤维；种子矩圆形。花果期几乎全年。

产地和分布：海南、台湾；热带亚洲、东非、大洋洲。

生物学特性：常生在海潮高潮线至滨海地区花岗岩的裸岩和沙滩上。滨玉蕊果皮较轻，能长时间漂浮在水上，在适合的地方落脚发芽。

育苗和栽培技术：种子育苗或扦插育苗。种子经水浸后直接点播于装有疏松基质的容器中，保持基质湿润，约过 2 个月后即可陆续发芽出苗，发芽率约 80%。扦插育苗条经 2,4-D 溶液处理后易形成不定根。

（3）海檬果 *Cerbera manghas* L. [夹竹桃科]

形态特征：常绿乔木。树皮灰褐色，枝轮生。叶倒卵状长圆形或倒披针形，顶端钝或短渐尖。花白色；花冠高脚碟状，喉部红色，裂片倒卵状镰刀形。核果单生或双生，卵形或球形，顶端钝或急尖，外果皮纤维质或木质，未成熟绿色，成熟时橙黄色；种子通常1颗。花期3—10月，果期7月至翌年4月。

产地和分布：广东、海南、福建、台湾、广西、香港等省区；亚洲东南部、澳大利亚。

生物学特性：偏阳性树种，喜温暖湿润气候，耐干旱，耐盐碱，喜生于高潮线以上的滨海沙滩、海堤或近海的河流两岸，也经常在红树林林缘出现，是分布于陆地林木和海滩林木的过渡带的半红树植物树种之一，为典型的滨海植物。其枝叶繁茂，树形优美，具有良好的防护效果，为优良的海岸造林树种。其耐盐性比红树植物要弱，可在盐度适合的沿海岸边造林，也可在沙壤土上作为先锋树种（邱凤英 等，2010）。近年来台湾用海檬果等作为沿海防护林的树种之一，以缓解木麻黄退化的危机。

育苗和栽培技术：种子育苗从播种到幼苗形成需要75 d左右。苗出齐时应将苗木移植到均匀装有红土和细沙混合基质的容器袋里继续培育。扦插育苗的穗条长度10~12 cm，穗条扦插前分别用吲哚丁酸和萘乙酸溶液浸泡3 h，以提高生根率。育苗时以黄心土＋沙＋火烧土为基质，生长较好（韩静 等，2011）。

（4）假茉莉 *Clerodendrum inerme* (L.) Gaertn. [唇形科]

形态特征：灌木。叶对生，薄革质，卵形至椭圆状披针形。聚伞花序腋生，有花 3~7 朵；花冠白色，顶端 5 裂，裂片长椭圆形。核果倒卵球形，外果皮黄灰色，花萼宿存。花果期 3—12 月。

产地和分布：浙江、福建、台湾、广东、香港、海南、广西等省区；东南亚、大洋洲、太平洋诸岛。

生物学特性：喜高温、湿润和阳光充足的环境，耐盐，抗风，耐湿，耐旱，耐寒，但不耐阴。常见于红树林林缘和滨海堤岸，尤其是在堤岸石质护坡的缝隙中，经常可以覆盖整个堤岸，是典型的滨海植物，为沿海地区防沙造林的优良树种。其生性强健，只要排水良好之疏松土壤均可栽培。

育苗和栽培技术：种子育苗或扦插育苗。

（5）短叶茳芏 *Cyperus malaccensis* Lam. subsp. *monophyllus* (Vahl) T. Koyama[莎草科]

形态特征：多年生草本。根状茎匍匐。茎粗壮，锐三棱形。总苞片叶状，3~4 片；穗状花序卵形或阔卵形，具 5~10 个小穗疏松排列于一延长的花序轴上；穗状花序轴无毛；小穗线形，有花 6~30 朵。小坚果暗褐色，长圆形。抽穗期为夏秋季。

产地和分布：福建、台湾、广东、香港、广西等省区；日本、越南、马来西亚、印度、缅甸、印度尼西亚及地中海地区。

生物学特性：喜温好湿，耐碱性较强，对土壤选择不严，不仅淡水田可种植，沿海咸水田也可种植，一般在 pH 4~5 仍可正常生长。短叶茳芏常生长在湿地、稻田、河边和沿海河口地带，可吸收重金属、促淤积土，为红树林海岸带生境中的常见种类。

育苗和栽培技术：分株繁殖。2—4 月栽插，规格一般为 20 cm ×20 cm，每穴 3~4 棵苗，栽深 5~6.5 cm。栽后至封行前要及时中耕除草。

（6）鱼藤 *Derris trifoliata* Lour. [豆科]

形态特征：攀缘灌木。羽状复叶，小叶通常 5 枚，近革质，卵状长圆形至长圆形，先端渐尖而钝，基部圆形或微心形。总状花序腋生或侧生于老枝上；花冠蝶形，粉红色或白色。荚果斜卵形或长圆形；种子 1~2 颗，近肾形。花期 4—8 月，果期 8—12 月。

产地和分布：福建、台湾、广东、海南、广西等省区；印度、马来西亚、澳大利亚。

生物学特性：典型的滨海植物，耐盐，耐水湿，常生长于潮汐能到达的淤泥质滩涂或泥质堤岸上，多生于沿海河岸灌丛、海边灌丛或近海岸的红树林中。

育苗和栽培技术：一般用扦插育苗，四季均可，雨季容易成活。

（7）银叶树 *Heritiera littoralis* Dryand. ex Ait. [锦葵科]

形态特征：常绿乔木。树皮灰黑色。叶革质，长圆状披针形、椭圆形或卵形，顶端渐尖或钝，基部锐尖或近心形。圆锥花序顶生或腋生，密被星状毛和鳞秕；花红褐色。果木质，核果状，近椭球形，光滑，干时黄褐色，背部有龙骨状突起；种子卵形。花期10—12月，果期秋季。

产地和分布：台湾、广东、海南、广西等省区；日本、印度、斯里兰卡、菲律宾及东南亚、非洲东部、大洋洲。

生物学特性：具抗风、耐盐、耐水浸的特性，一般分布在高潮线附近的潮滩内缘或大潮、特大潮时才能淹及的海、河滩地以及海陆过渡带的陆地，通常作为伴生种而散布于红树林附近，属比较典型的水陆两栖的半红树植物。树干通直，茎干和枝条树皮纤维不易折断；树形优美，具高度发达的板状根和较深的根系，为优良的造林和景观树种，可作为华南沿海地区防护林建设的重要树种。我国银叶树的种群个体数量已经不足3 000株，亟须进行保护和物种恢复（简曙光等，2004）。

育苗和栽培技术：种子发芽缓慢，播种后需30 d以上才开始发芽。采取脱壳处理及用淡水浇灌和在全日照条件下育苗，发芽率可达100%（陈建海 等，2006）。海水浇灌对银叶树种发芽率有负面影响。当苗木长到胸径5 cm左右、树高3.5 m以上时即可出圃栽植（吕武杭 等，2012）。银叶树不适合盐碱地和滨海沙地人工造林。

病虫害防治：病虫害少，偶尔出现卷叶蛾危害，可采用敌百虫喷杀。

（8）黄槿 *Hibiscus tiliaceus* L. [锦葵科]

形态特征：小乔木。叶近圆形或阔卵形。花单朵腋生或数朵排成总状花序，顶生或腋生；花冠钟形，花瓣黄色，中央暗紫色。蒴果卵球形或近球形，具短喙；种子无毛，具小瘤。花期 6—11 月，果期 9 月至翌年 2 月。

产地和分布：福建、台湾、广东、海南、广西等省区；东南亚、南亚、太平洋群岛。

生物学特性：阳性植物，多生于热带和亚热带地区光照充足的环境，常见于红树林林缘，是一种能在海岸潮间带和陆地两种不同环境中生长的半红树植物，在海岸生态系统中发挥着重要作用。生性强健，耐旱，耐贫瘠，耐盐碱，抗风力强，有防风定沙之功效，适合用于建造海岸防风林。黄槿生长迅速，遮阴效果良好，对二氧化硫、二氧化碳等有一定的抗性，在内陆多用作行道树及遮阴树。

育苗和栽培技术：种子育苗或扦插育苗。播种前用浓硫酸拌种后再用清水浸泡可促进种子发芽（侯远瑞 等，2010）。利用扦插法育苗时，添加生根剂有利于缩短生根时间，提高主根数和生根率（蒋燚 等，2009）。种植时应适量增加营养元素的供应，以促进其生长和尽快适应环境（张伟伟 等，2012）。

病虫害防治：食叶虫害可用溴氰菊酯或敌百虫防治。

（9）中华补血草 *Limonium sinense* (Girard) Kuntze [白花丹科]

形态特征：多年生草本，高 15~50 cm。叶基生，呈莲座状，倒卵形披针形或匙形，先端钝或微圆，中部以下渐狭成宽的叶柄。花 2~3 朵先组成小穗，再排成聚伞状圆锥花序；花瓣蓝紫色。蒴果圆柱状；种子长约 2 mm。花期 3—4 月，果期 8—12 月。

产地和分布：江苏、浙江、福建、台湾、广东、海南、广西等省区；朝鲜、日本（琉球群岛）、越南。

生物学特性：泌盐植物，耐盐，耐瘠，耐旱，耐湿，为生长在沿海潮湿盐土或沙土上海滨植物的常见种，是滨海盐土的重要指示植物。其根粗长，能有效固定沙土，有利于盐土生态系统的改善。

育苗和栽培技术：多用组培法育苗，也可种子育苗（董必慧，2005）。

病虫害防治：主要病虫害为茎腐病、霜霉病、锈病、灰霉病、叶斑病、蚜虫、红蜘蛛等，应及时防治。

（10）水椰 *Nypa fructicans* Wurmb. [棕榈科]

形态特征：根茎丛生。叶羽状全裂，羽片线状披针形，外向折叠。花单性，雌雄同株；雄花序菜荑状，着生于雌花序的侧边；雌花序球状，顶生；果序球形，核果状，褐色，发亮，倒卵球状，外果皮光滑，中果皮肉质具纤维，内果皮海绵状。种子近球形或阔卵球形。花期 7 月。

产地和分布：台湾、海南；日本（琉球群岛）、马来西亚、泰国、新加坡、印度尼西亚、印度、斯里兰卡、澳大利亚及太平洋群岛、热带美洲。

生物学特性：典型的热带海岸植物，喜高温多雨，可耐低盐，对高盐深度的海水敏感，可生于入海河口的泥沼地带，也可生长在高潮线以上的海岸地带，为半红树林植物，有防海潮、抗风浪、护围堤的作用。

育苗和栽培技术：水椰具有独特的"胎生"的繁殖方式，果实在离开植株之前，种子已经在果实内发芽，形成幼苗。果实和种子可耐受长期的海水浸淹，当果实遇到合适的生境定居下来后，幼苗便能立刻萌发出来并长出根系。所以，可采集成熟的水椰果实进行种子育苗（王萍 等，2008）。

（11）露兜树 *Pandanus tectorius* Parkinson [露兜树科]

形态特征：常绿灌木或小乔木。主干基部有多数支柱根。叶聚生于茎顶，带状，硬革质，先端尾状渐尖，边缘和叶背中脉有粗壮向上的钩刺。雌雄异株；雄花序由若干穗状花序组成，每一穗状花序长 4~8 cm；雌花序顶生，圆球形；佛焰苞多枚。聚合果悬垂，近球形，熟时黄红色，由 40~80 个核果束组成。花期 5—8 月，果期 1—10 月。

产地和分布：福建、台湾、广东、香港、海南、广西等省区；亚洲、大洋洲。

生物学特性：典型的海岸植物，常生于海边沙丘或海边沙地上，也常在红树林林缘出现，故称之为半红树植物。其根系发达，耐湿，耐旱，耐盐，也耐风沙，它的气根可以直接吸收空气中的水分，在干旱的地方也能生存。常长成大片群落，是防风固沙的优良树种。

育苗和栽培技术：种子种皮坚硬，需要对种子用热水进行催芽处理才能萌发。出苗期较长，必须注意保温保湿，苗木出齐后及时移袋，苗木木质化后即可用于造林。

（12）阔苞菊 *Pluchea indica* (L.) Less. [菊科]

形态特征：灌木。茎直立。茎下部叶倒卵形或宽倒卵形，顶端圆钝或短尖，基部渐狭。头状花序，密被短柔毛，在茎、枝端排成伞房花序状的聚伞状花序或头状花序，近单生。瘦果圆柱形，有4棱，被疏毛；冠毛约与花冠等长，白色。花果期全年。

产地和分布：台湾、广东、香港、澳门、海南等省区；印度、缅甸、马来西亚、印度尼西亚、菲律宾。

生物学特性：生于海滨沙地或近潮水的空旷地，为半红树植物。

育苗和栽培技术：种子育苗。

（13）水黄皮 *Pongamia pinnata* (L.) Pierre [豆科]

形态特征：乔木。羽状复叶长；小叶卵形、阔椭圆形至长椭圆形，先端短渐尖或圆形，基部阔楔形、圆形或截平。总状花序腋生；花冠白色或粉红色。荚果，表面有不甚明显的小疣凸；种子 1 颗，肾形。花期 5—6 月，果期 8—10 月。

产地和分布：福建、台湾、广东、香港、海南、广西等省区；印度、斯里兰卡、马来西亚、澳大利亚、波利尼西亚等。

生物学特性：抗风，耐盐，耐旱，耐阴，喜水湿，生性强健，生长快速，多生于海边潮汐能到达的岸边或池塘边，属于半红树植物。以富含有机质的沙壤土为佳，也能在含盐量高达 6.9% 的土壤中成活，是优良的海岸造林树种。

育苗和栽培技术：种子育苗或扦插育苗。播种时，去皮有利于提高水黄皮种子发芽率和发芽势（韩静 等，2010），用 100 mg/L 的赤霉素处理种子也可以提高发芽率（阮长林 等，2013）。枝条扦插亦可育苗。

（14）伞序臭黄荆 *Premna serratifolia* L. [唇形科]

形态特征：直立灌木至乔木，偶攀缘。枝条有椭圆形黄白色皮孔，幼枝密生柔毛，老后毛变稀疏。叶片纸质，长圆形至广卵形。聚伞花序在枝顶端组成伞房状；花冠黄绿色，外面疏具腺点，微呈二唇形，上唇全缘或微凹，下唇 3 裂，裂片几相等或中央裂片稍长而宽，花冠喉部密生 1 圈长柔毛。核果圆球形。花果期 4—10 月。

产地和分布：广东、香港、海南、广西等省区；印度、斯里兰卡、马来西亚及太平洋群岛。

生物学特性：生于海边、平原或山地的树林中，耐盐性较强。

育苗和栽培技术：种子育苗。

（15）小草海桐 *Scaevola hainanensis* Hance [草海桐科]

形态特征：蔓性小灌木。叶螺旋状着生，在枝顶较密集；叶无柄或具短柄，肉质，条状匙形。花单生叶腋；花冠淡蓝色；果卵球形。花果期几乎全年。

产地和分布：福建、台湾、广东、海南；越南。

生物学特性：生于海边盐田或，与红树植物同生。

育苗和栽培技术：种子育苗或扦插育苗。

（16）草海桐 *Scaevola taccada* (Gaertn.) Roxb. [草海桐科]

形态特征：直立或铺散灌木至小乔木。枝中空。叶螺旋状排列，大部分集中于分枝顶端，倒卵形或匙形，顶端圆钝，平截或微凹，中部以下渐狭，稍肉质。二歧聚伞花序腋生；花冠白色或淡黄色。核果卵球状，白色，有两条径向沟槽，2 室，每室有 1 颗种子。花果期 4—12 月。

产地和分布：福建、台湾、广东、广西等省区；日本（琉球群岛）、马达加斯加及东南亚、大洋洲、太平洋群岛。

生物学特性：性喜高温、潮湿和阳光充足的环境，不耐阴，耐盐，耐瘠，抗风，耐旱，生长迅速，叶色翠绿，抗污染及病虫危害能力强，是优良的海岸防风固沙植物典型的滨海植物。草海桐可以生长于由风浪堆积起来的大块珊瑚乱石之地，也可以生于高潮线可达的滨海前沿，常见于华南沿海基岩海岸岩隙和高潮线以上的沙滩、石砾地，也有分布于红树林林缘的，甚至被称之为红树植物。

育苗和栽培技术：枝条容易扦插及萌芽，也可种子育苗。全年可移植，较易成活。

（17）海马齿 *Sesuvium portulacastrum* (L.) L. [番杏科]

形态特征：多年生肉质草本。茎平卧或匍匐，多分枝，常节上生根。叶片厚，肉质，线状倒披针形或线形匙形，顶端钝，中部以下渐狭成短柄状，基部变宽，抱茎。花单生叶腋；花被裂片卵状披针形，外面绿色，里面红色，边缘膜质，顶端急尖。蒴果卵形；种子小，卵形。花果期夏秋季。

产地和分布：福建、台湾、广东、广西等省区；全世界热带亚热带地区。

生物学特性：盐浓度适应范围广，在非盐渍或盐渍环境下均能生长，常见于沿海地区海边沙地、盐碱地或岩砾地，具耐旱、耐湿、耐盐、速生等特点，是一种喜沙的兼性盐生植物，也是海岸固沙植物的先锋种或优势种，可用于海边沙地、沙丘、河海沿岸或交汇处等滨海的固沙护岸。此外，在福建东山岛开放海域网箱养殖区试种结果表明，海马齿对养殖海水中的氮和磷有显著的吸附作用，具有良好的特定海域生境修复能力。

育苗和栽培技术：可通过种子和茎条扦插方式进行繁殖，但多用茎段扦插进行大规模栽培。海马齿的离体快繁以叶片为最适外植体。在栽培措施上，既可利用浮板水培于淡水湖泊或浅海内湾水域，也可在陆地进行种植（范伟 等，2010）。

（18）南方碱蓬 *Suaeda australis* (R. Br.) Moq. [藜科]

形态特征：亚灌木。茎基部木质化，多分枝。叶片线形至线状长圆形，半圆柱状，肉质，先端急尖或钝，基部渐狭，具关节。花两性，单生或 2~5 朵簇生成团伞花序，腋生；花被 5 深裂，绿色或带紫红色。胞果扁圆形；种子双凸镜状，黑褐色，有光泽。花果期 9—11 月。

产地和分布：江苏、福建、台湾、广东、海南、广西等省区；日本及欧洲、非洲、大洋洲、美洲。

生物学特性：典型的潮间带植物，耐盐碱，耐旱，耐强光，耐淹，具匍匐茎和不定根，生长迅速，易形成群落，适用于潮湿盐渍的海边沙地、河海沿岸作固沙植物，在潮间带泥沙地、泥滩及高潮线上缘的沙地均可生长。该种在红树林景观配置中的使用范围较广，是未来海水农业很有希望的一种作物，对盐碱地及海滨滩涂农业的可持续发展具有很大意义。

育苗和栽培技术：既可利用具不定根的茎快速扩大分布面积，又可进行无性繁殖。

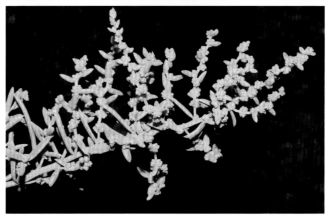

（19）杨叶肖槿 *Thespesia populnea* (L.) Sol. ex Corrêa
[锦葵科]

形态特征：小乔木。茎坚韧，不易折断。叶呈卵状或心形，顶端长而渐尖，基部心形，全缘。花单生，花冠黄色，5 瓣。蒴果近球形；外果皮成熟后不开裂；种子三角状卵形，被褐色短毛，间生无毛脉纹。花期几乎全年，果常于 8 月大量成熟。

产地和分布：台湾、广东、香港、海南等省区；越南、柬埔寨、斯里兰卡、印度、泰国、菲律宾及非洲。

生物学特性：树性强健，速生，性喜高温、湿润和阳光充足的环境，耐盐，抗强风，耐旱，不耐阴，抗寒性差，常生长于红树林内缘，是半红树植物之一，适合作滨海地区庭园绿荫树、行道树及防护带树种。

育苗和栽培技术：种子育苗。小苗出土后移植到营养袋中，30 d 后将袋苗移到野外土壤盐度低于 6‰ 的区域种植（李玫 等，2010）。有研究表明，在以黄心土＋沙＋基肥或复合肥的基质上育苗情况较好（韩静等，2011）。

（20）沟叶结缕草 *Zoysia matrella* (L.) Merr. [禾本科]

形态特征：多年生草本。具横走根茎，须根细弱。秆直立。叶片质硬，内卷，上面具沟。总状花序呈细柱形，长 2~3 cm，宽约 2 mm；小穗卵状披针形，黄褐色或略带紫褐色；外稃膜质。颖果长卵形，棕褐色，长约 1.5 mm。花果期 7—10 月。

产地和分布：台湾、福建、广东、海南等省区；亚洲和大洋洲热带地区。

生物学特性：盐生植物，根系发达、分蘖力强，具有较强的抗病性、耐旱性、耐盐碱性、耐阴性，对土壤要求不高，可在滨海盐碱地种植，为良好的热带和亚热带海岸固沙植物。抗寒性较差，低于 0℃时会出现严重的冻害。

育苗和栽培技术：扦插育苗或组培育苗（程忠恕，2004）。生长缓慢，靠营养体再生繁殖所需时间较长，所以在进行无性繁殖时要注意保护草茎和草根，使其不要受到过度损害。

病虫害防治：易患锈病，发病时叶片有淡黄色斑点，后扩散成铁锈色。初期可用多菌灵防治，也可用石硫合剂或波尔多液预防。常见虫害有夜蛾，可用水胺硫磷喷杀；对危害严重的食根性虫害、食茎性虫害可用敌百虫或杀虫脒防治（苟文龙 等，2002）。

4.5 乡土植物的繁殖

乡土植物的繁殖一般采用有性繁殖和无性繁殖。有性繁殖就是采用植物的种子进行育苗，无性繁殖一般采用扦插、嫁接和组培的方式。此外还有带根压条、埋条、根繁以及分株等繁殖方法。这些方法中以组培繁殖速度最快、繁殖系数最高，适于工厂化育苗及珍稀、濒危树种的繁殖（兰彦平 等，2002）。

4.5.1 种子育苗

种子育苗成本低、见效快，技术简单，易操作，主要包括以下步骤。

4.5.1.1 种子采集

种子成熟与否关系到播种后种子能否发芽，因此，一定要从生长健壮、无病虫害的成熟母株上采集成熟果实。果实采收后，将种子从果皮或果肉中取出，去除种子表面的果皮或蜡质，选择颗粒饱满、无破损的种子，然后用 0.5% 高锰酸钾溶液消毒处理 3~5 min，取出阴干。采集种子时，要遵守国家林业局颁发的《林木种子采收管理规定》等。

4.5.1.2 种子处理

种子采收好后，如果不急于育苗或外界气温等条件不合适，可以先将种子进行低温或沙埋贮藏。贮藏时要注意保湿，并经常检查，将霉烂变质的种子取出，以保证其发芽率。对于无须休眠的种子要尽早进行育苗，以防种子发芽率降低；而有休眠习性的种子在发芽前要进行休眠解除处理。有时，为了使种子发芽率高、发芽势强，在播种前还要进行催芽处理，如用 60~70℃ 的热水浇泼和 30℃ 的温水浸种 2~3 d，然后捞出放置于 25℃ 左右的环境中，保持一定的湿度。

4.5.1.3 苗圃地整理

苗圃地应该选择在向阳、肥沃、深厚、排灌良好的湿润土壤或沙壤地，土层深度一般为 50 cm。

4.5.1.4 播种

播种分为春播和冬播，一般春播更有利于种子萌发。播种时采用条播，覆土厚度为种子直径的 2~3 倍。期间注意淋水，保持湿度。

4.5.1.5 管理

子叶出土后应及时除草、松土，并注意施肥、浇水、间苗。一般在苗木长到 1~2 m 时即可出圃造林。在苗期还应加强病虫害的防治。

4.5.2 扦插育苗

扦插育苗是保持母树优良性状和扩大母树繁殖数量的有效手段，影响扦插成活率的因素主要有种源、扦插时间和基质等。同时，对扦插植物本身特性研究发现，植物的发育阶段、发育时期以及枝条内的生长与休眠物质的比例对插穗成活影响很大。植物在生长季内由于生理活动旺盛，抑制物质减少，促进物质增多，因而生长期扦插要比休眠期扦插成活率高。扦插方法一般包括以下几个步骤。

4.5.2.1 扦插时间

穗条生根和新芽的生长需要合适的气温、光照等条件，因此，扦插一般在春季和秋季进行，春季较好。

4.5.2.2 扦插穗条的采集

从成熟母株上剪取当年生的健壮、无病虫害、半木质化的枝条。采集的枝条一般包括当年萌发的新枝和往年的老枝。然后将枝条短期贮藏在含有一定水分的沙中或装有少量清水的塑料桶中，用湿沙或湿毛巾盖住，以防止枝条失水。

4.5.2.3 穗条处理

将枝条切成 10~15 cm 长的穗条，每个穗条保证有 2 个完整饱满的芽，将其基部浸入生根促进剂（吲哚乙酸、萘乙酸、稀土、ABT 生根粉、HL-43 等）溶液中，处理 3~5 h 后扦插。

4.5.2.4 扦插床的制作

苗圃一般选择在地势平坦、背风向阳、管理方便的地方，整地时将地面上杂草碎石等清理干净。一般用土壤、河沙和肥料均匀混合物作为苗床上扦插的基质，但不同的混合基质可能会影响穗条的生根情况，因此，要根据不同植物种类筛选出不同基质材料的配比。苗床平整好后，做成条沟，然后用塑料拱棚遮盖，以保温、保湿和防止降雨冲刷和阳光曝晒。扦插前2~5 d用高锰酸钾溶液或3%的多菌灵溶液等对土壤进行消毒处理。

4.5.2.5 穗条的扦插

将基部经过生根促进剂浸泡的穗条插入苗床中，穗条入土深度为穗条长度的3/5~2/3，扦插后用喷雾器喷水浇湿苗床，盖上塑料拱棚。为防止病菌感染，可喷洒多菌灵。

4.5.2.6 扦插后管理

穗条扦插后，要搞好温度、水分和光照的管理。扦插后覆膜可以增温保湿，提高成活率。在前期湿度一般保持在85%~90%，中后期可降至65%~80%，温度为20~30℃。在环境因子的控制方面，全光间歇喷雾插床的应用可为一些难生根树种的扦插育苗创造极为有利的条件。穗条生根期间如有杂草应及时拔除，同时要注意防治病虫害。扦插后两个月将塑料薄膜揭去进行全光照育苗。

4.5.3 组培育苗

植物组织培养始于20世纪初，是以细胞的全能性理论发展起来的一项新技术。组织培养是指在无菌条件下，将离体的植物器官（根、茎、叶、花、果实、种子等）、组织（花药、胚乳等）、细胞以及原生质体，培养在人工配制的培养基上，在适当的培养条件下，使其再生成完整植物的过程。利用植物组织培养方式进行苗木繁殖，即为组培育苗。这种方法由于繁殖系数高，育苗占用面积小，可全年进行工厂化生产，环境条件容易控制，目前在林木遗传改良、新品种培育、种质资源保存、脱毒复壮、大规模无性系造林苗木的

培育等方面已经发挥了非常重要的作用。

植物组培快繁技术常存在外植体、初培养和断代培养的污染，玻璃化瓶苗不易生根，炼苗难等问题，因此，需要在实践操作中要严格按操作规程操作和不断调整培养条件。

4.5.4 菌根化育苗

菌根是自然界中普遍存在的一种共生现象，它是土壤中的真菌与高等植物的根系形成的一种共生体。菌根广泛存在于各个生态系统的土壤中，其中外生菌根在森林生态系统中起着非常重要的作用。其主要作用就是与根系共生的土壤真菌，通过菌丝体促进植物根系的发育，以吸收更多的养分与水分；通过酶类的分泌，促进植物对无机、有机态矿物质的吸收；通过直接分泌植物激素物质，提高植物细胞的生长；通过分泌抗生素，提高植物对病害的抵抗能力，改善土壤理化特性等。具有菌根的植物，其根系吸收面积可扩大10~1 000倍，其生长量比非菌根化的苗木大，而且生长健壮、生长势旺盛，对恶劣环境的适应性强，可为幼林的生长和发育打下良好的基础。

菌根接种主要原理是：将带有菌根的菌丝或土壤与苗床上的基质通过喷洒或搅拌的方法混合，然后再播种或栽植幼苗，使幼苗的根部在生长发育过程中与土壤中的真菌自然接触，从而形成菌根。采用菌根化育苗不仅可以提高苗木的成活率，提高苗木对土壤中营养元素的吸收和利用，促进苗木生长，而且还能够增强苗木对植物病害、干旱、有机污染物及重金属胁迫的抗性（林双双 等，2013）。此外，菌根化育苗和造林技术在海岸恶劣环境的植被恢复过程中，可以明显提高树木对立地不利因子的抗性，大幅度提高造林成活率和树木的正常生长，加速植被的恢复进程，具有高效、低耗、简单、易行和维护地力、促进生态平衡的特点（郑来友，2010）。

4.6 乡土植物恢复利用过程中存在的问题

对野生乡土植物进行引种、驯化和繁殖是一个多学科的工程，需要在前期投入大量的资金进行基础研究，因此，这些工作一般由科研院所在国家相关基金等的资助下进行。社会上的园林公司或绿化苗圃在追求高额利润短期回报的情况下，大多不愿从事这种工作。并且，由于在园林绿化和荒山生态恢复上还没有形成大量应用乡土植物种类的环境，乡土植物往往种类不多、种苗较少、种源分散、市场采购量小，因此，除了一些国有林场育有一定数量用于造林的乡土树种外，一般园林公司均不会大量繁殖和培育乡土植物，这就造成了当需要使用大量乡土植物进行园林或荒山生态恢复时，无法获得足够种类和数量的苗木，成为生产实践的主要障碍。因此，虽然目前许多人已经认识到荒山绿化和园林建设应用乡土植物的重要性，但在实践中，却因无法找到种类丰富、价格合理、苗多树大的种类而不得不放弃，形成乡土植物不"香"的现象。这种恶性循环的形成，制约了乡土植物在生态恢复实践方面的应用和发展。为了使这一现象得到改善，我们提出以下几点建议：

（1）加强政府在应用乡土植物恢复实践中的引导和扶持作用

乡土植物的应用数量低，需求量小，种类不多，价格较高，目前不被大家认可等，导致园林公司不愿承担对这些植物的初期研究投入，制约了乡土植物在园林和山地绿化中的应用和发展。此外，也由于野生乡土植物开花不集中、落粒性强、不易采种、不易繁殖等弱点，需要经过科学驯化后才能广泛应用，而这些研究需要前期大量的经费投入，以建立野生乡土植物驯化基地和原种繁殖基地必要的设施，因此，林业和农业部门应以科研项目的形式促进社会企业加大对乡土植物的引种和繁殖，使得乡土植物资源得到更充分的利用。

（2）推广恢复生态学理论知识，提高生态安全意识

乡土植物成活率高，管理粗放，抗病虫害强，有些植物病虫危害很少，具有较好的生态安全性。并且，在瘠薄的土地上进行植被恢复时，乡土植物更是被作为先锋树种来应用。乡土植物相对于外来归化植物来说更能够适应当地的气候和自然环境，符合恢复生态学演化的理论，并且也能保障我国的生态安全，因此，政府部门要利用媒体等渠道加大对种植乡土植物的宣传和推广力度，尤其要引导绿化规划设计者和当地相关领导重视乡土植物的使用。在实践中，政府部门也要积极使用乡土树种用于园林绿化、行道树、山地景观、生态恢复等工作，以促进社会对乡土植物的了解，提升城市文化的内涵，加强地域特色，增添人文风情，从而促进社会、经济和生态效益的全面发展。

（3）开展本土资源调查，列出适生物种名录

为了使大家对本地乡土植物有一个全面的了解，应该对本地的植物种类进行调查，摸清本地植物的种类。此外，再根据本地的生态环境对乡土植物资源进行种源筛选，同时针对园林和荒山特点及特殊的生态环境，进行生态模拟实验，研究其对生态环境的适应性，并对不同环境下的适生种类进行评价、筛选及分类，提出适用的乡土植物种类名单。

（4）加强育种技术研发，制定种植和管护规范

通过探索乡土植物的原生态条件及繁殖规律，进而在人为控制的条件下研究安全、有效的人工保存和快繁方法，探索有性繁殖和无性繁殖技术，促进苗木生产，以适合规模化生产需要。同时，还要结合不同绿地的生态、景观需要和城市园林对树种的特殊要求，根据乡土植物根系发育特性、水分需求规律、不同季节的观赏形式、不同种类之间的相互影响等生物学、生态学习性，对其功能、应用范围、配置方法等进行

系统研究，以使乡土植物得到合理开发利用，并使之得到大力推广。植物育苗和栽培是需要综合运用多学科的一门科学，因此，政府部门要依靠专业单位研究和制定乡土植物的培育体系，以使乡土植物的选择和培育在一定的科学体系的指导下进行，提高乡土植物在生态建设中的使用（赵建芹，2007）。

Chapter Ⅴ Management of Coastal Vegetation and Biodiversity

第五章　海岸带植被和植物多样性的管理

5.1 海岸带管理

海岸带是陆地、大气、海洋相交的地区，是海陆交错带和海陆过渡带。从生态系统的角度来看，它涉及河口、海湾、潟湖、海峡、三角洲、沼泽、海滨盐沼、海滩、潮滩、岛屿、珊瑚礁、海滨沙丘及各类海岸的近岸和远岸水域。从海岸变化的地质过程和物理过程角度来看，海岸带陆上界限应是古海岸线和最大风暴潮能到达的区域，海域界限为波浪作用影响的浅水地区和河口羽流输移扩散的外界（恽才兴 等，2002）。

海岸带不仅具有较高的物理能量、生物多样性和人类的大量活动，而且在全球变化中环境也非常脆弱。近半个世纪以来，人口数量的增加，以及工业、农业、渔业、旅游业等的发展，导致海岸带成为人类经济活动最为活跃的区域，并致使海岸带植被和海岸生态系统受到严重破坏。并且，随着我国经济发展、城市化进程、环境污染、生态环境破碎化、原生资源日益减少等，加强海岸带全面管理就更显得十分必要，以为海岸带经济的可持续发展提供科学指导。

美国于 1972 年颁布了世界上第一部《海岸带管理法》，并首次提出"海岸带管理"的这个名词。1992 年联合国环境与发展会议通过的《21 世纪议程》中正式提出了海岸带综合管理（ICZM，Integrated Coastal Zone Management）的概念。1993 年世界海岸大会进一步阐释了海岸带综合管理的基本原则、技术标准、框架和要义等基本理论体系。总之，海岸带的综合管理是一种综合和统筹的管理行为，其管理主体是政府，并由其统一协调众多的相关部门。其次，其管理行为针对的是多目标的全面管理，旨在实现海岸带地区的社会、经济、资源、环境、生态的科学有效管理和开发。

为了加强海域使用管理，维护国家海域所有权和海域使用权人的合法权益，促进海域的合理开发和可持续利用，2001 年 10 月 27 日，我国第九届全国人民代表大会常务委员会第二十四次会议通过并自 2002 年 1 月起施行了《中华人民共和国海域使用管理法》。其中第二条"本法所称内水，是指中华人民共和国领海基线向陆地一侧至海岸线的海域"就包括了部分海岸带的范围。因此，从此之后，我国开始了真正意义上对海岸带的立法管理，但是中国的法律体系比较冗繁，新施行的法律难免在管理范围上与先施行的其他法律发生重叠，从而引起了管理冲突。

海岸带管理也是一个庞大、复杂的技术和管理过程，涉及多学科、多领域的理念、技术和方法的综合应用。正如美国的《海岸带管理法》所指出的，其颁布的目的不是试图解决所有的矛盾，而是促使海岸带开发活动走向正规，避免与减少利用过程中的冲突，减少环境质量的下降（恽才兴 等，2002；杨义勇，2013）。

在海岸带管理的发展历程中，其管理模式也随之发展。在 20 世纪 90 年代以前对海岸带的管理为部门分割式的传统管理，这种管理方式以行政边界为依据，人为切割生态系统的结构和完整性，把人类社会经济需求与生态保护对立起来，管理目标片面且忽视部门之间的沟通与协调，致使效率低下、弊端众多。我国的海洋管理体制是分散型行业管理体制，涉及海岸带开发与管理的部门达 20 余个，各部门因职责和分工不同，都对海岸带地区进行不同目标或对象的管理，这往往会造成管理上的"真空"或"重叠"，使得各利益相关者之间矛盾不断。

20 世纪 90 年代以后，这种传统的管理模式逐渐被综合管理模式所取代，并将生态系统管理（ecosystem-based management）的概念融入管理行为中（范学忠 等，2010）。生态系统管理不是一般意义上对生态系统的管理活动，而是人类重新审视自己的管理行为，从生态系统结构及资源的可持续利用角度出发来重新认识并管理人类的行为。目前，生态系统理念和方法成为海岸带综合管理研究的一个侧重点（李晓光 等，2012）。

我国海岸带区域占陆地国土面积的 2.9%，承载着全国约 15% 的人口，创造了全国约 35% 的 GDP。沿海地区每年给人类提供的生态服务价值大约为 405 200 美元 /km²。以我国沿海滩涂面积计算这种价值，生态服务价值约为 84.2 亿美元（杨金森，2000）。但海岸带资源的过度利用，使沿海地区社会经济的可持续发展受到影响。20 世纪 70 年代，我国政府也意识到海岸带对于国民经济发展的重要意义，1980—1986 年开展了为期 6 年的全国海岸带和海涂资源综合调查，取得了沿海地区大量自然状况及社会经济资料，但当时海岸带综合管理并未引起国内学界的足够重视。1989—1994 年，又开展了全国海岛资源综合调查。在 21 世纪初，国家海洋局全面开展海洋功能区划、海域使用管理与勘界立法工作，并对沿海水域环境进行定期监测和评价，在有条件的地方设立海滨湿地保护区，并开展海岸带管理信息系统和数字海岸的示范研究。近年来，又运用遥感、GIS、GPS 集成技术定期监测海岸带资源与环境的时空变化。

尽管如此，近年来由于受到经济利益的驱使，海岸带生态价值一直被忽略，海岸带的环境状况依然处于一种"破坏"和"恢复"的发展中，即原生的海岸带生态环境受到破坏，另一方面，人为的湿地恢复又不断发展。因此，加强我国海岸带生态系统管理在海岸带综合管理中的应用应成为将来要重视的管理方式。

5.1.1　海南省海岸带的保护与管理

海南省的海岸线长达 1 823 km，岸线长度位居全国第 4 位，其中沙滩海岸线近 800 km，大小海湾 68 个，构成了海南独特而宝贵的岸线资源优势，因此，海岸带是海南最具有吸引力的资源，融合了大海、沙滩、湿地、珍稀动植物等要素，是国内外旅客到海南来最重要的目的地，也是海南省经济建设的核心地带和发展海洋经济产业依托的基地。因此，海岸带的自然资源对海南的长远可持续发展具有非常重要的作用。但

是，由于经济社会的发展，海南海岸带开发利用与环境保护矛盾日益凸显，乱搭乱建、非法旅游、随意改变自然岸线、污染物违规排海、破坏海防林等问题十分突出，海岸线的过度开发、无序开发以及人为破坏，造成适宜居住、度假的海岸线在不断萎缩，同时也严重影响了海岸线附近的环境生态平衡，威胁海岸生态景观。

为加强海岸带的综合管理，有效保护和合理开发海岸带，保障海岸带的可持续利用，海南省第五届人民代表大会常务委员会于 2013 年 3 月 30 日和 2016 年 5 月 26 日，分别在第一次和第二十一次会议上通过了《海南经济特区海岸带保护与开发管理规定》及《关于修改〈海南经济特区海岸带保护与开发管理规定〉的决定》。该《规定》着重提出了海岸带保护治理与开发利用应当遵循"陆海统筹、科学规划、生态优先、合理开发、综合管理、协调发展"的原则，明确指出了政府城乡规划部门负责海岸带总体发展的规划。该《规定》是目前我国由省级地方人大制定、唯一现行有效的有关海岸带管理的地方性法规，体现了"科学引领、规划先行"的科学管理理念。

2016 年 8 月 31 日，海南省人民政府又印发了《海南经济特区海岸带保护与开发管理实施细则》（琼府〔2016〕83 号）（以下简称《实施细则》）的通知，明确规定"沿海市县政府是海岸带保护与开发管理的责任主体，负责海岸带保护与开发管理的组织领导和监督管理，严格海岸带开发利用的审批监管，加强海岸带环境资源修复和保护利用，建立健全海岸带保护与开发管理长效机制"。《实施细则》也同时具体规定了海岸带生态保护红线区为"沿海区域自平均大潮最高潮线向陆地延伸最少 200 m 范围内的重点生态功能区、生态环境敏感区和脆弱区等区域，以及沿海区域自平均大潮高潮线起向海洋延伸海岸带范围内的重点生态功能区、生态环境敏感区和脆弱区等区域"。此《实施细则》的颁布，细化和完善了海南省海岸带保护与开发法规政策规定，建

立海岸带保护与开发的长效机制，并为海南海岸带的保护治理、开发利用提供了法律保障。

此外，在《海南省人民政府关于划定海南省生态保护红线的通告》（琼府〔2016〕90号）中，海南省生态保护红线包括陆域和近岸海域生态保护红线两部分。陆域生态保护红线包括"海岸带生态敏感生态保护红线区"，即自海岸线自然岸线向陆地一侧0~200 m范围内的Ⅰ类红线区和200~300 m范围为Ⅱ类红线区，其中，Ⅰ类红线区115.56 km²，Ⅱ类红线区48.86 km²。这些区域包括海南岛主要的海岸带侵蚀敏感区、海平面上升影响区、风暴潮影响区和沿海防护林分布区等。

近岸海域生态保护红线范围共计8 316.6 km²，其中Ⅰ类红线区总面积343.3 km²，主要包括海洋自然保护区的核心区和缓冲区、领海基点保护范围等；Ⅱ类红线区总面积约7 973.3 km²，主要包括海洋自然保护区的实验区、海洋特别保护区、省级海洋功能区划海洋保护区域、海岸带控制区（向海侧）、珊瑚礁主要分布区、海草床主要分布区、红树林主要分布区、部分潟湖、重要入海河口、自然景观与历史文化遗迹、重要岸线与邻近海域、重要渔业水域、海洋功能区划中的增养殖区、保持自然生态空间属性的生态保留区等（表5.1）。

表5.1 海南省海岸带范围内的陆域和近岸海域生态保护红线功能分区及面积统计

类　型	类　别	功　能　区	面积/km²
陆域生态保护红线	Ⅰ类红线区	海南岛海岸带生态敏感区/海岸带自然岸段防护区亚区、近岸海域排污口禁设区亚区	115.56
	Ⅱ类红线区	海南岛海岸带生态敏感区/海岸带自然岸段生态缓冲区亚区	48.86
近岸海域生态保护红线	Ⅰ类红线区	自然保护区核心区、缓冲区	342.81
		领海基点保护范围	0.53
	Ⅱ类红线区	自然保护区实验区	443.44
		海洋特别保护区	21.693
		省级海洋功能区划海洋保护区	464.20
		珊瑚礁主要分布区	137.16
		海草床主要分布区	54.10
		红树林主要分布区	29.59
		潟湖	253.81
		重要入海河口	22.69
		重要沙质岸线及邻近海域	265.00
		重要基岩岸线及邻近海域	5.36
		海岸带控制区（向海侧）	1 333.43
		重要渔业水域	2.06
		自然景观与历史文化遗迹	22.82
		增养殖区	759.23
		生态保留区	5 398.55

注：（1）本表的数据根据《海南省人民政府关于划定海南省生态保护红线的通告》（琼府〔2016〕90号）整理；（2）不同类型的海洋生态红线区有部分重叠，也包括部分自然湿地。

在管控原则上，对于Ⅰ类生态保护红线区，除了经依法批准的国家和省重大基础设施、重大民生项目、生态保护与修复类项目建设、农村居民生活点、农（林）场场部（队）及其居民在不扩大现有用地规模前提下进行生产生活设施改造等活动外，区内禁止各类开发建设活动。对于Ⅱ类生态保护红线区，区内禁止工业、矿产资源开发、商品房建设、规模化养殖及其他破坏生态和污染环境的建设项目，如确需在Ⅱ类生态保护红线区内进行下列开发建设活动的，应当符合省和市县总体规划。

海南省推出的对海岸带自然资源保护与管理的系列措施，对海岸带资源的统筹规划、系统布局和科学利用和保护好海岸带资源，建立海岸带可持续利用的长效机制，为滨海旅游、海防林建设等长远发展留足了空间，为海洋开发的顺利推进、规范管理和持续利用打下基础，并对海岸带资源的分层管理和综合管理，为海岸带生态的整体性保护、动态化监管和系统性修复提供了重要依据。

5.1.2 广东省海岸带的保护与管理

广东省海岸线长达 4 114 km，为全国第一。为加强海岸带综合管理，有效保护海岸带生态环境，合理利用海岸带资源，促进沿海地区经济社会可持续发展，2015 年 11 月，广东省人民政府办公厅发文《广东省人民政府办公厅关于印发加强我省海岸带保护和科学利用工作方案的通知》（粤办函〔2015〕533 号），要求各地加强对海岸带的管理。2016 年 5 月 9 日，广东省人民政府办公厅指定广东省海洋与渔业局制订《广东省海岸带保护与利用管理办法》（粤府办〔2016〕37号），目前已经提交到广东省人民政府法制办公室，并于 2016 年 2 月完成立法意见的征集，等待批准。2016年 8 月 10 日，经广东省人民政府同意，广东省海洋与渔业局于成立了广东省海岸带综合管理专责小组（粤海渔〔2016〕511 号），以负责协调解决海岸带保护和

科学利用工作中的重大事项。

广东省惠州市海岸线长 281.4 km、海域面积4 520 km²，分别居广东省第五位和第六位。2015 年 12月，惠州市住房与城乡建设局已经完成《惠州市海岸带保护与利用规划（草案）》（以下简称《规划》）的编制和公示。此《规划》明确规定核心管护区共 473 km²，包括以沿海公路和沿海分水岭脊线为界，纵深 1~3 km、总面积 260 km² 的陆域和纵深 1 km、总面积 213 km² 的海域；外围管控区共 1 873 km²，包括总面积为 889 km²的大亚湾经济技术开发区的澳头、霞涌两个街道办事处，惠东县的稔山、铁涌、平海、吉隆、黄埠 5 个镇和巽寮、港口两个旅游管理区的陆域、海岸线和大亚湾水产资源自然保护区之间 984 km² 的海域。《规划》重点对海陆空间资源、土地利用、海岸带景观和公共空间提出规划和设计要求，将划定陆域和海域的生态底线，并通过环境容量、交通容量控制海岸带开发规模与强度。并且，《规划》对陆域和海域的海岸线生态体系分别做出要求，即在陆域上划定生态红线，在保持生态系统完善的基础上，因地制宜、分级保护，形成协同管控的动态优化过程，确保科学长效管理；在海域的监管上，根据海域属性、生态系统敏感程度的不同，按照海岛、缓冲区和沙滩岸线等属性实施三级管控区管理体系。

2016 年 2 月 1 日，广东省东莞市人民政府办公室根据广东省人民政府的要求，制定并印发了《加强我市海岸带保护和科学利用工作方案》（东府办〔2016〕9 号），提出了本地区海岸带保护和利用的指导思想、总体目标、基本原则、主要任务和保障措施。

5.2 海岸带生态系统和植物多样性的管理

5.2.1 海岸带生态系统的管理

大多数海岸带资源受到破坏时，恢复极为缓慢，

甚至具有不可恢复性，因此，对目前海岸带的植被和植物多样性进行有效和务实的管理就成为一项重要任务。自20世纪90年代中后期以来，海岸带综合管理成为我国学术界的研究热点，许多学者从不同的理论角度和现实状况出发，对我国海岸带在保护、管理和开发方面所应采取的措施和途径进行了多方面的探讨（李晓光 等，2012）。

目前，海岸带综合管理模式依然是海岸带管理的重要理论体系。基于生态系统的海岸带管理和海岸带综合管理并不相互排斥，也不存在相互替代的问题，这就为海岸带管理提供了一个总的概念框架。而基于生态系统的管理，可根据管理尺度划定管理范围，并且管理单元都是相对完整的生态系统，管理目标和评价指标易于制定，管理方案便于实施和操作，因此，其成为海岸带综合管理在21世纪所普遍认同的有效实施途径（范学忠，2011）。

5.2.2　海岸带植物多样性的管理

海岸带的红树林、沙地植被和陆地近岸丘陵或山地植被对于保护生物多样性、保障海岸带生态系统的服务功能、维护地区生态安全和海岸资源的可持续发展具有很重要的作用。由于受到各种人类活动的胁迫，生态系统退化、物种濒危和生境丧失等已成为生态关键区常见的问题，因此如何有效管理海岸带生态关键区就成为海岸带综合管理的关键问题。

5.2.2.1　红树林植被的管理

红树林植物借助海流传播繁殖，只要海域相通，相距遥远的两地也可以生长种类组成相似的红树林植物。非洲大陆和美洲大陆将热带大西洋与热带印度洋、热带太平洋隔开，而热带印度洋和热带太平洋海域相通，这种地理条件使全球的红树林形成西方和东方两大群系。西方群系红树林以美洲加勒比海、南美洲的北部沿海和非洲的几内亚湾沿岸为中心，东方群红树林以马来群岛为中心。而在太平洋诸岛的斐济和汤加

等地，东西方两大群系的部分种类同时存在（沈庆 等，2008）。因此，红树林生态系统的保护管理具有相当的复杂性，主要表现在以下方面：

1）其地理分布的特点使得其资源管理会涉及多层次、多行业的参与，在管理机制上产生复杂性。

2）沿海经济发展的不平衡性产生对红树林资源利用的差异性，这就要求对其的保护管理要具有较强的针对性。

3）我国红树林资源与林地的所有权与使用权的分离，也使得红树林保护管理机构对林地实施管理更加困难。

4）红树林保护管理目标的多重性，红树林保护不仅要保护沿海海岸的自然生态系统，减轻海岸红树林附近社区人民的贫困状态，还要保护海岸线海堤、鱼虾池、海岸土壤以及农业生产环境与资源的安全和保护海岸居民区的安全。

有效的管理是实现红树林保护的重要保障，主要措施如下（韩维栋，2004）：

1）提高红树林管理相关机构的管理水平以及职员的业务管理素质和工作协作能力，保持积极有效的管理理念。

2）恢复退化的红树林并对裸滩宜林地进行红树林种植，以提高红树林的林地复杂性和扩大红树林面积。

3）建立与当地社区的良好协调关系，通过社区参与红树林的保护管理，使他们明白对自然资源的可持续开发利用。

4）设立科技示范区项目和环境教育项目，提高红树林附近社区居民的谋生能力，减轻他们对红树林资源的利用强度，增强他们保护红树林资源的自觉性。

5）建立与国内外环境保护或自然资源保护机构的广泛联系，争取广泛的资助，保持社会对红树林保护管理的关注与支持。

6）采取多种形式的管理模式，如委托管理模式、风水林管理模式、自然保护小区管理模式、自然保护

区管理模式等（李瑜 等，2013）。

7）加强法制建设，把自然保护的原则、方针和政策制度化、法律化，以国家强制力量确保自然保护工作的顺利实施。

20 世纪 90 年代以来，我国对红树林海岸的管理、保护和建设越来越重视，陆续颁布实施了一批红树林保护管理法规和建设保护规划。至 2003 年底，全国已经建立以红树林湿地为主要保护对象的自然保护区 28 个，现有红树林总面积的 65% 以上列为保护区。此外，近年来红树林造林技术、次生红树林的改造、优良红树林树种的引种等方面也取得了很大的成效，有力地促进了红树林生态系统的扩大和发展，使海岸带得到了保护。

以广东湛江红树林国家级自然保护区为例。保护区建于 1997 年，保护面积为 20 278 hm^2，是中国最大的红树林湿地保护区，由散布在广东省西南部雷州半岛 1 556 km 海岸线上的 72 个保护小区组成，这些保护小区由红树林群落、滩涂以及相关的潮间带栖息地组成。保护区于 2002 年加入拉姆萨公约（Ramsar Convention），成为国际重要湿地。自 2001 年起，中国和荷兰两国政府通过中荷合作红树林综合管理和沿海保护项目对保护区及其海岸带自然资源实施保护和管理。在这个项目的推动下，湛江市林业局和保护区通过制订保护区总体规划和管理计划、实施红树林周边社区共管活动、开展人工恢复红树林行动、建立红树林宣教中心和科普教育、组织红树林生物资源调查以及做好保护区管理人员能力建设等行动，2002—2006 年，共种植红树林 1 003 hm^2，为沿海地区农业和水产养殖业提供了有效保护，使当地的红树林生态系统得到了更好的保护。同时，该项目的开展也有效地改善了雷州半岛沿海地区的生态环境，并使当地民众在利用海岸资源的过程中受益，实现了人与自然的和谐共处（雷州半岛红树林综合管理和沿海保护项目管理办公室 等，2006）。

5.2.2.2 海岸和海岛丘陵山地林地的管理

在广东沿海地带的陆地和海岛的丘陵山地林中，原生的植被已不复存在。次生的阔叶林也仅存在于大型岛屿海拔 200 m 以上且人类干扰较少的区域。在海拔 50~200 m 的区域，大多为天然灌草丛群落，如桃金娘、岗松—芒萁群落，岗松—鹧鸪草、蜈蚣草群落，豺皮樟—五节芒、芒萁群落，黄牛木、桃金娘—细毛鸭嘴草群落，马尾松—桃金娘—芒萁群落等。这些群落中也由于恢复的需要大多种植了相思、桉树等乔木型种类。

由于近年的经济发展，人们对于海岸山地的开发也逐渐加强，主要表现在房地产开发、旅游建设、开山取石等方面。如很多房地产开发商为了营造"海景房"，将房屋建在面海的山腰或山脚，原生的植被被换成了人工观赏树种，致使出现大面积裸露的石块以及地表土的严重流失等。

为了更好地使海岸带防护林带得到保护，应采用划定生态红线的办法，严格对山地植被进行保护，禁止在沿海特殊生态系统及生态敏感区进行任何与公共安全无关的建筑物或土地改造等。同时，加强林业建设，充分发挥防护林保持水土和涵养水源的作用。这些坡地目前基本上是针叶林和台湾相思，还要间种、混种阔叶树，同时封山育林，改善林相结构，增加森林郁闭度，提高森林质量。此外，对海岸带开发利用必须坚持规划先行，不能只顾眼前利益，以牺牲环境为代价的开发。

参考文献 References

巴逢辰，冯志高，1994. 中国海岸带土壤资源 [J]. 自然资源，16（1）：8-14.

蔡静如，张谦，连辉明，等，2010. 黎蒴良种选育和繁育的研究进展 [J]. 广东林业科技，26（1）：97-101.

曹洪麟，丘向宇，1997. 广东海岛的森林立地分类与营林措施 [J]. 广东林业科技，13（3）：9-13.

陈桂葵，陈桂珠，1998. 中国红树林植物区系分析 [J]. 生态科学，17（2）：21-25.

陈桂珠，王雪峰，顾传辉，2011. 珠海—澳门红树林湿地生态系统的恢复与建设 [J]. 城市环境与城市生态，14（3）：21-23.

陈建海，陈香，2006. 银叶树育苗技术的研究 [J]. 热带林业，34（2）：29-30.

陈科璟，2012. 广东省海岸带管理现状及管理范围划界方法 [D]. 广州：华南师范大学.

陈兰，蒋清华，石相阳，等，2016. 北部湾近岸海域环境质量状况、环境问题分析以及环境保护建议 [J]. 海洋开发与管理，（6）：28-32.

陈丽，周在敏，2001. 单叶蔓荆繁殖技术 [J]. 中国水土保持，（4）：39.

陈少萍，2014. 罗汉松栽培与病虫害防治 [J]. 中国花卉园艺，（6）：44-47.

陈树培，1997. 香港海岸带的红树林 [J]. 热带地理，17（2）：184-190.

陈伟，钟才荣，2006. 红树植物白骨壤的育苗技术 [J]. 热带林业，34（4）：26-27.

陈卫军，龚洵胜，游小敏，2004. 山苍子播种繁殖及扦插育苗初探 [J]. 经济林研究，22（4）：59-60.

陈晓蓉，徐国钢，朱兆华，等，2013. 深圳地区道路边坡植物配置及群落建植技术 [J]. 草业科学，30（9）：1359-1364.

陈燕，刘锴栋，陈粤超，等，2013. 角果木的育苗与造林技术 [J]. 广东林业科技，29（4）：94-98.

陈一萌，杨阳，2010. 惠州市红树林湿地资源及其保护 [J]. 热带地理，30（1）：34-39.

陈荫孙，2013. 东山岛乡土树种朴树扦插育苗技术研究 [J]. 安徽农学通报，19（12）：104-105.

陈玉军，廖宝文，李玫，等，2014. 高盐度海滩红树林造林试验 [J]. 华南农业大学学报，35（2）：78-85.

陈元献，杨永梅，2012. 白骨壤的沙地育苗技术 [J]. 热带林业，40（1）：24-25.

程雪梅，林富平，刘济祥，等，2014. 椰榆播种育苗技术 [J]. 现代园艺，（3）：39-40.

程忠恕，2004. 沟叶结缕草组织培养技术体系的研究 [D]. 武汉：华中农业大学.

邓小飞，黄金玲，赵天宇，2006. 江门红树林湿地环境保护及其资源可持续利用对策 [J]. 广州大学学报（自然科学版），5（5）：20-23.

邓晓玫，宋书巧，2011. 广西海岸带研究现状及展望 [J]. 海洋开发与管理，（7）：32-35.

邓义，1996. 从森林植被特点看广东海岛自然地带属性 [J]. 热带地理，16（2）：152-159.

董必慧，2005. 江苏沿海滩涂中华补血草的保护性研究 [J]. 中国野生植物资源，24（6）：28-30.

董必慧，蔡学礼，2008. 樟树播种育苗技术研究 [J]. 安徽农业科学，36（6）：2313-2314.

董玉峰，荀守华，姜岳忠，等，2012. 苦楝育苗与造林技术 [J]. 山东林业科技，202（5）：84-87.

范伟，李文静，付桂，等，2010. 一种兼具研究与应用开发价值的盐生植物—海马齿 [J]. 热带亚热带植物学报，18（6）：689-695.

范新源，2015. 马尾松—火力楠混交林生物量分布及养分结构的研究 [J]. 绿色科技，（3）：53-55.

范学忠，2011. 崇明东滩基于生态系统的海岸带管理 [D]. 上海：华东师范大学.

范学忠，袁琳，戴晓燕，等，2010. 海岸带综合管理及其研究进展 [J]. 生态学报，30（10）：2756-2765.

高丽霞，孔旭晖，曹震，2005. 广东采石场植被生态恢复技术及存在的问题 [J]. 仲恺农业技术学院学报，18（3）：51-53.

高鹏，杨加利，2007. 我国植被恢复中的几个误区及应用生态学原理的植被恢复方法探究 [J]. 内蒙古环境科学，19（1）：3-8.

高伟，叶功富，游水生，等，2011. 沙质海岸带木麻黄林与天然林主要种群的生态位特征比较 [J]. 生态与农村环境学报，27（2）：35-40.

高义，苏奋振，孙晓宇，等，2011. 近 20 年广东省海岛海岸带土地利用变化及驱动力分析 [J]. 海洋学报（中文版），33（4）：95-103.

高正清，2003. 椰子树栽培管理技术 [J]. 云南林业科技，102（1）：40-42.

宫璐，李俊生，柳晓燕，等，2014. 中国沿海互花米草遗传多样性及其遗传结构 [J]. 草业科学，31（7）：1290-1297.

龚子同，张甘霖，漆智平，2004. 海南岛土系概论 [M]. 北京：科学出版社.

苟文龙，张新全，白史且，等，2002. 沟叶结缕草研究进展 [J]. 草业科学，19（3）：62-65.

管伟，廖宝文，邱凤英，等，2009. 利用无瓣海桑控制入侵种互花米草的初步研究 [J]. 林业科学研究，22（4）：603-607.

广东省海岛资源综合调查大队，广东省海岸带和海涂资源综合调查领导小组办公室，1993. 大亚湾海岛资源综合调查报告 [M]. 广州：广东科技出版社.

广东省海岛资源综合调查大队，广东省海岸带和海涂资源综合调查领导小组办公室，1994a. 川山群岛海岛资源综合调查报告 [M]. 广州：广东科技出版社.

广东省海岛资源综合调查大队，广东省海岸带和海涂资源综合调查领导小组办公室，1994b. 阳江海区海岛资源综合调查报告 [M]. 广州：广东科技出版社.

广东省海岛资源综合调查大队，广东省海岸带和海涂资源综合调查领导小组办公室，1994c. 湛江—茂名海区海岛资源综合调查报告 [M]. 广州：广东科技出版社.

郭玉红，郎南军，江期川，等，2010，加勒比松育种栽培关键技术 [J]. 科技信息，（7）：425-426.

国家海洋局 908 专项办公室，2005. 海岸带调查技术规程 [M]. 北京：海洋出版社.

韩静，廖宝文，王承南，2011. 半红树植物杨叶肖槿和海檬果的不同基质育苗试验 [J]. 中南林业科技大学学报，31（4）：25-30.

韩静，王承南，廖宝文，等，2010. 半红树植物水黄皮发芽试验 [J]. 浙江林业科技，30（2）：45-48.

韩维栋，2004. 红树林的复杂性与我国红树林资源保护管理 [J]. 防护林科技，61（4）：76-80.

韩宙，陈定如，2007. 优良乡土香花植物假鹰爪的生物学特性和园林应用 [J]. 广东园林，29（2）：49-50.

何克军，林寿明，林中大，2006. 广东红树林资源调查及其分析 [J]. 广东林业科技，22（2）：89-93.

何立平，张谦，曾令海，2010. 黎蒴菌根化育苗技术研究 [J]. 广东林业科技，26（4）：24-27.

何启梅，2011. 木荷种植管理技术 [J]. 广东科技，（6）：37-38.

何锐荣，2009. 澳门红树林及其保护研究 [D]. 广州：暨南大学.

何长信，代色平，马国华，2009. 毛茋的组织培养和植株再生 [J]. 植物生理学通讯，（1）：49-50.

贺立静，谢正生，古炎坤，等，2003. 乡土树种山油柑的生长过程分析 [J]. 仲恺农业技术学院学报，16（2）：21-25.

洪华生，丁原红，洪丽玉，等，2003. 我国海岸带生态环境问题及其调控对策 [J]. 环境污染治理技术与设备，4（1）：89-94.

侯远瑞，蒋燚，钟瑜，等，2010. 黄槿实生苗生长节律及容器育苗技术 [J]. 育苗技术，（3）：19-20.

胡芳名，胡保安，1962. 高产淀粉作物—网脉山龙眼引种育苗与利用初报 [J]. 林业科学，（2）：168-170.

黄德林，2010. 火力楠育苗及造林技术探讨 [J]. 广东科技，252：41-42.

黄桂萍，叶晓燕，欧斌，等，2006. 黧蒴栲田间育苗试验研究 [J]. 江西林业科技，（5）：27-28.

黄华明，2009. 乌桕种子采收及处理技术研究 [J]. 武夷科学，25（12）：24-31.

黄万和，2005. 枫香育苗及造林技术 [J]. 广东林业科技，21（3）：93-94.

黄学俊，刘敬勇，刘艺斯，等，2010. 电白县红树林保护存在问题及保护新途径探究 [J]. 安徽农学通报，16（5）：144-146.

黄长志，任海，2007. 沿岸边生态系统恢复决策中的人文观问题 [J]. 生态科学，26（2）：170-175.

纪永利，吴亚西，2011. 玉叶金花人工栽培技术 [J]. 中国林副特产，（5）：102，104.

季荣，季晓波，2006. 香樟主要虫害的发生与防治 [J]. 上海农业科技，（1）：94-95.

贾明明，2014. 1973—2013 年中国红树林动态变化遥感分析 [D]. 北京：中国科学院大学.

简曙光，唐恬，张志红，等，2004. 中国银叶树种群及其受威胁原因 [J]. 中山大学学报（自然科学版），43（Suppl.）：91-95.

蒋小庚，钱之华，邱国金，等，2014. 朴树硬枝扦插育苗技术试验 [J]. 中国林副特产，（6）：20-22.

蒋燚，龚建英，侯远瑞，等，2009. 黄槿扦插育苗试验研究 [J]. 广西林业科学，38（2）：98-101.

蒋燚，唐卫辰，姚广彬，等，2006. 红锥扦插育苗试验 [J]. 西部林业科学，35（1）：40-43.

金庆焕，2004. 广东海岸带环境保护与海洋经济可持续发展 [J]. 水文地质工程地质，4：31-32.

金羽，欧阳志云，林顺坤，等，2008. 海南岛海岸带生态系统退化及其保护对策研究 [J]. 海洋开发与管理，（01）：103-108.

靖元孝，杨丹菁，任延丽，等，2005. 水翁（Cleistocalyx operculatus）在人工湿地的生长特性及对污染物的去除效果 [J]. 环境科学
   研究，18（1）：9-13.

赖开吉，2004. 造林绿化优良树种珊瑚树 [J]. 粤东林业科技，（2）：38-39.

赖丽仙，2011. 马甲子播种育苗试验研究 [J]. 江西林业科技，（4）：23-25.

赖正锋，李华东，2007. 番杏的生物学特征及其栽培新技术 [J]. 福建热作科技，32（3）：22，46.

兰彦平，顾万春，2002. 林木无性繁殖研究进展 [J]. 世界林业研究，15（6）：7-13.

蓝崇钰，王勇军，2001. 广东内伶仃岛自全然资源与生态研究 [M]. 北京：中国林业出版社.

雷小林，李猛，文娟，等，2006. 日本野漆树嫁接繁育技术初探 [J]. 经济林研究，24（3）：53-55.

雷州半岛红树林综合管理和沿岸保护项目管理办公室，雷州半岛红树林综合管理和沿海保护项目实施办公室，2006. 雷州半岛红树
   林湿地资源综合管理 [M]. 广州：广东科技出版社.

李博，2007. 水松无性繁殖技术研究 [D]. 南京：南京林业大学.

李根有，屠娟丽，哀建国，等，2002. 山体断面绿化植物的选择、配置及种植措施 [J]. 浙江林学院学报，19（1）：95-99.

李国标，张勇，郭绍清，等，2006. 火力楠和刨花润楠接种 AM 菌应用研究 [J]. 广东林业科技，22（3）：13-16.

李红芳，许响，2009. 珊瑚菜的栽培与利用 [J]. 现代中医药，29（1）：58-59.

李红柳，李小宁，侯晓珉，等，2003. 海岸带生态恢复技术研究现状及存在问题 [J]. 城市环境与城市生态，16（6）：36-37.

李惠芳，2013. 广西北海滨海国家湿地公园红树林害虫综合治理策略浅析 [J]. 农业研究与应用，148（5）：59-62.

李开祥，梁晓静，韦晓娟，等，2013. 岗松的研究进展 [J]. 广西林业科学，42（1）：38-42.

李莉，杨海东，詹潮安，2011. 华润楠绿化大苗培育技术 [J]. 粤东林业科技，（1）：17-18.

李玫，廖宝文，2008. 无瓣海桑的引种及生态影响 [J]. 防护林科技，84（3）：100-102.

李玫，田广红，邱凤英，等，2010. 珠海淇澳岛的杨叶肖槿引种育苗试验 [J]. 防护林科技，97：12-14.

李胜强，冯志坚，2010. 两种润楠属植物耐盐性研究 [J]. 广东林业科技，26（6）：9-14.

李向宏，何凡，李宏，等，2009. 海南鸦胆子栽培技术初报 [J]. 中国园艺文摘，（1）：42-44.

李小华，李永胜，曾晓房，等，2008. 非洲山毛豆和山毛豆资源的研究与利用 [J]. 仲恺农业技术学院学报，21（4）：71-75.

李晓光，杨金龙，2012. 我国海岸带综合管理研究的多向度综述 [J]. 海洋开发与管理，（11）：1-8.

李晓敏，2008. 东海岛土地利用变化及影响因素分析 [D]. 呼和浩特：内蒙古师范大学.

李旭群，李曦，张奋鹏，2008. 假马齿览的组织培养 [J]. 植物生理学通讯，44（6）：1162.

李燕，石大兴，王米力，2004. 鹅掌柴的组织培养与快速繁殖 [J]. 植物生理学通讯，40（2）：193.

李怡，2010. 广东省沿海防护林综合效益计量与实现研究 [D]. 北京：北京林业大学.

李瑜，茹正忠，程华荣，等，2013. 深圳红树林湿地管理模式研究 [J]. 广东林业科技，29（6）：31-37.

李志英，徐立，2010. 山椒子离体植株再生 [J]. 植物生理学通讯，46（5）：479-480.

李子海，2008. 植被恢复中存在的一些生态学理论应用误区 [J]. 环境科学导刊，27（增刊）：72-73.

连玉武，林鹏，张娆挺，等，1998. 东山岛植被资源和物种多样性特征 [J]. 台湾海峡，17（3）：330-336.

梁永奀，朱世清，陈研华，等，1993. 南澳岛丘陵土壤特性 [J]. 生态科学，12（2）：47-54.

廖宝文，李玫，陈玉军，等，2010. 中国红树林恢复与重建技术 [M]. 北京：科学出版社.

廖宝文，张乔民，2014. 中国红树林的分布、面积和树种组成 [J]. 湿地科学，12（4）：435-440.

廖宝文，郑德璋，郑松发，等，1998. 红树植物桐花树育苗造林技术的研究 [J]. 林业科学研究，（5）：474-480.

廖宝文，郑松发，陈玉军，等，2004. 外来红树植物无瓣海桑生物学特性与生态环境适应性分析 [J]. 生态学杂志，23（1）：10-15.

廖文波，昝启杰，崔大方，等，1999. 内伶仃岛主要植被及群落类型的特征和分布 [J]. 生态科学，18（4）：6-19.

廖正乾，龙凤芝，2006. 马尾松、湿地松菌根育苗和造林效果的研究 [J]. 湖南林业科技，33（4）：22-24.

林锦森，2011. 山乌桕的特征特性及育苗造林技术 [J]. 现代农业科技，（8）：193-195.

林双双，孙向伟，王晓娟，等，2013. 我国菌根学研究进展及其应用展望 [J]. 草业学报，22（5）：310-325.

林文棣，1993. 中国海岸带林业. 中国海岸带和海涂资源综合调查专业报告集 [M]. 北京：海洋出版社.

林晞，闫中正，王文卿，2004. 榄仁树的生态分布与耐盐性研究 [J]. 亚热带植物科学，33（4）.

林雄平，彭彪，周逢芳，等，2012. 浙江润楠扦插研究 [J]. 安徽农业科学，40（4）：2115-2116.

林云跃，2003. 珊瑚树嫩枝扦插技术研究 [J]. 丽水师范专科学校学报，25（5）：59-62.

林子腾，2005. 雷州半岛红树林湿地生态保护与恢复技术研究 [D]. 南京：南京林业大学.

刘冲，李绍才，罗双，等，2012. 护坡植物在植物卷材中的适应性研究 [J]. 中国水土保持，（5）：52-56.

刘海生，涂晓方，2009. 恢复生态学理论在岩质边坡绿化工程中的应用探讨 [J]. 资源与产业，11（5）：115-117.

刘建强，胡军飞，欧丹燕，等，2011. 厚藤种子萌发特性 [J]. 浙江农林大学学报，28（1）：153-157.

刘就，邱凤英，2009. 谈阳江海岸红树林带恢复与保护的重要性 [J]. 现代农业科技，13：228-229.

刘连海，代色平，贺漫媚，2013. 桃金娘繁殖与栽培技术初探 [J]. 广东林业科技，29（2）：49-52.

刘锬，康慕谊，吕乐婷，2013. 海南岛海岸带土地生态安全评价 [J]. 中国土地科学，27（8）：75-80，97.

刘雪梅，杨传贵，汤巧香，2005. 椰榆雾插技术的研究 [J]. 山东林业科技，（6）：44-45.

刘用清，1995. 福建省海岸带土壤环境背景值研究及其应用 [J]. 海洋环境科学，14（2）：68-73.

刘治平，1991. 秋茄和木榄的海上育苗研究 [J]. 生态科学，（1）：72-76.

刘治平，1995. 深圳福田红树林生态造林方法技术研究 [J]. 生态科学，（2）：100-104.

娄仲连，董志良，2001. 岩质边坡的生态恢复工程新技术研究 [J]. 地下空间，21（4）：318-323.

鲁先文，马瑞君，张辉，等，2004. 植被恢复误区分析 [J]. 甘肃科技，20（12）：16-19，29.

陆生利，吴幼媚，1984. 黄杞树采种、育苗的方法 [J]. 广西林业科技，（4）：22-23.

罗平，张品英，2015. 高山榕漂浮育苗技术 [J]. 绿色科技，（3）：71-73.

吕武杭，林雄，谢少鸿，等，2012. 银叶树育苗栽培技术 [J]. 林业实用技术，9：31-32.

马国华，林有润，简曙光，等，2000. 野牡丹和地稔的组织培养及植株再生 [J]. 植物生理学通讯，36（3）：233-234.

马书云，黄中强，伍群玉，2006. 假杜鹃的繁殖及开发利用 [J]. 攀枝花科技与信息，31（3）：61-62.

马晓龙，2013. 柽柳繁育造林技术 [J]. 林业科学，（18）：176.

马玉，蔡钰灿，李团结，等，2011. 珠江口滨海湿地生态环境退化分析 [J]. 热带地理，31（5）：451-456.

欧斌，黄家寿，2005. 马甲子种子育苗技术 [J]. 林业实用技术，（9）：24.

欧阳均浩，1984. 水松育苗与造林技术 [J]. 广东林业科技通讯，（1）：25-29.

潘文，蔡坚，2002. 广东省加勒比松栽培区划的研究 [J]. 广东林业科技，18（3）：1-5.

彭辉武，郑松发，朱宏伟，2011. 珠海市淇澳岛红树林恢复的实践 [J]. 湿地科学，9（1）：97-100.

钱莲芳，黎章矩，钱永涛，等，1995. 4 种雀梅繁殖试验 [J]. 浙江林学院学报，12（4）：374-379.

乔勇进，张敦论，都金标，等，2001. 沿海沙质海岸单叶蔓荆群落特点及土壤改良的分析 [J]. 防护林科技，（4）：6-8.

邱凤英，廖宝文，蒋燚，2010. 半红树植物海檬果幼苗耐盐性研究 [J]. 防护林科技，（5）：5-9.

邱彭华，徐颂军，符英，等，2012. 海南岛海岸带土地利用现状及问题分析 [J]. 热带地理，（06）：582-592.

裘珍飞，曾炳山，李湘阳，等，2013. 米老排的组织培养和快速繁殖 [J]. 植物生理学报，49（10）：1077-1081.

全峰，朱麟，2011. 海岸带生态健康评价方法综述 [J]. 海南师范大学学报（自然科学版），24（2）：204-209.

任海，彭少麟，2001. 恢复生态学导论 [M]. 北京：科学出版社.

阮长林，冯剑，刘强，等，2013. 水黄皮种子发芽试验的初步研究 [J]. 中南林业科技大学学报，33（4）：38-42.

单家林，2009. 海南岛西海岸植物群落的初探 [J]. 中国农学通报，25（21）：110-115.

单家林，郑学勤，2005. 海南岛红树林植物区系组成与特征 [J]. 广东林业科技，21（2）：41-45.

沈庆，陈徐均，关洪军，2008. 海岸带地理环境学 [M]. 北京，人民交通出版社.

施敏益，徐志刚，2005. 香樟树的病虫害与防治 [J]. 上海农业科技，（3）：117-118.

宋贤利，邢福武，易绮斐，等，2013. 澳门松山阴香群落特征及物种多样性研究 [J]. 福建林业科技，40（3）：1-8.

宋小军，吴宗兴，梁颇，等，2007. 野牡丹采穗圃建立和扦插繁殖技术研究 [J]. 四川林业科技，28（4）：55-60.

孙晓宇，苏奋振，周成虎，等，2011. 基于底质条件的广东东部海岸带土地利用适宜度评价 [J]. 海洋学报，33（5）：169-176.

孙永玉，李昆，罗长维，等，2007. 不同处理措施对构树种子萌发的影响 [J]. 种子，26（2）：22-25.

覃朝锋，李贞，董汉飞，1990. 珠江口内伶仃岛植被 [J]. 生态科学，9（2）：23-33.

唐国玲，沈禄恒，翁伟花，等，2007. 无瓣海桑对互花米草的生态控制效果 [J]. 华南农业大学学报，28（1）：10-13.

唐行，2000. 野牡丹、桃金娘、岗松及车轮梅繁殖栽培技术 [J]. 林业科技通讯，（9）：39-40.

唐廷贵，张万钧，2003. 论中国海岸带大米草生态工程效益与"生态入侵" [J]. 中国工程科学，5（3）：15-20.

田广红，陈蕾伊，彭少麟，等，2010. 外来红树植物无瓣海桑的入侵生态特征 [J]. 生态环境学报，19（12）：3014-3020.

田晓瑞，舒立福，乔启宇，等，2001. 南方林区防火树种的筛选研究 [J]. 北京林业大学学报，23（5）：43-47.

汪思言，杨传国，庞华，等，2014. 珠江流域人口分布特征及其影响因素分析 [J]. 中国人口•资源与环境，24（5（S2））：447-450.

王杰瑶，李金凤，2009. 桐花树的育苗技术 [J]. 热带林业，37（2）：30-31.

王开良，姚小华，熊仪俊，等，2003. 余甘子培育与利用现状分析及发展前景 [J]. 江西农业大学学报，25（3）：397-401.

王露，杨艳昭，封志明，等，2014. 基于分县尺度的 2020—2030 年中国未来人口分布 [J]. 地理研究，33（2）：310-322.

王萍，刘立云，陈思婷，2008. 子遗植物水椰的生物学特性及研究展望 [J]. 中国野生植物资源，27（3）：19-21.

王琼，宋桂龙，2008. 盐肤木种子硬实与萌发特性研究 [J]. 种子，27（4）：59-61.

王述礼，孔繁智，关德新，等，1995. 沿海防护林防海煞危害初探 [J]. 应用生态学报，6（3）：251-254.

王树功，黎夏，刘凯，等，2005a. 近 20 年来淇澳岛红树林湿地景观格局分析 [J]. 地理与地理信息科学，21（2）：53-57.

王树功，黎夏，周永章，等，2005b. 珠江口淇澳岛红树林湿地变化及调控对策研究 [J]. 湿地科学，3（1）：13-20.

王树功，郑耀辉，彭逸生，等，2010. 珠江口淇澳岛红树林湿地生态系统健康评价 [J]. 应用生态学报，21（2）：391-398.

王芸，欧阳志云，郑华，等，2013. 南方红壤区 3 种典型森林恢复方式对植物群落多样性的影响 [J]. 生态学报，33（4）：1204-1211.

王智苑，2010. 闽南地区海岸带土地利用变化及其生态效益研究 [D]. 福州：福建农林大学.

魏柏松，罗坤水，杨斌，2001. 山杜英的栽培技术 [J]. 江西林业科技，（4）：12-13.

魏初奖，吴建勤，童文钢，等，2013. 福建省湿加松引种试验林有害生物发生情况 [J]. 福建林业科技，40（3）：68-73.

魏会琴，刘忠华，万文，2008. 构树研究概况及展望 [J]. 福建林业科技，35（4）：261-266.

翁春雨，任军方，符瑞侃，2014. 外源激素对紫玉盘种子萌发的影响 [J]. 安徽农业科学，42（30）：10462-10463.

吴彩新，2013. 火力楠栽培技术与应用 [J]. 大众科技，15（12）：145-146.

吴传钧，蔡清泉，1993. 中国海岸带土地利用 [M]. 北京：海洋出版社 .

吴峰，2003. 山乌桕的育苗与造林技术 [J]. 江西林业科技，（5）：45，48.

吴培强，马毅，李晓敏，等，2011. 广东省红树林资源变化遥感监测 [J]. 海洋学研究，29（4）：16-24.

吴培强，张杰，马毅，等，2013. 近 20 年来我国红树林资源变化遥感监测与分析 [J]. 海洋科学进展，31（3）：406-414.

吴松成，2001. 薜荔的开发利用及栽培技术 [J]. 中国野生植物资源，20（2）：51-52.

吴天国，2009. 万宁大洲岛保护区植物资源的调查初报 [J]. 热带林业，37（4）：49-50.

吴则焰，刘金福，洪伟，等，2012. 水松扦插繁殖体系研究 [J]. 中国农学通报，28（22）：22-26.

吴振基，2003. 红锥育苗技术 [J]. 广东林业科技，19（3）：66-67.

吴征镒，1980. 中国植被 [M]. 北京：科学出版社 .

吴钟解，李成攀，陈敏，等，2012. 大洲岛国家级自然保护区海洋资源调查及其管理保护机制探讨 [J]. 海洋开发与管理，（7）：97-100.

伍成厚，郑慈真，代色平，等，2014. 毛葶茎段离体培养 [J]. 经济林研究，32（4）：147-151.

伍家平，1998. 广西海岸带国土资源及其开发战略 [J]. 资源科学，20（2）：46-52.

香港植物标本室，2012. 香港植物名录 [M]. 香港：香港特别行政区政府渔农自然护理署 .

谢少鸿，詹潮安，陈远合，等，2005. 广东南澳岛主要森林群落与植物多样性研究 [J]. 广东林业科技，21（3）：26-29.

谢彦军，2012. 广西北部湾海岸带维管植物区系地理与植物资源研究 [D]. 南宁：广西师范大学 .

谢植干，2008. 杀虫植物鸦胆子组织培养和生物活性的初步研究 [D]. 南宁：广西大学 .

邢福武，CORLETT R T，周锦超，1999. 香港的植物区系 [J]. 热带亚热带植物学报，7（4）：295-307.

徐谅慧，李加林，李伟芳，等，2014. 人类活动对海岸带资源环境的影响研究综述 [J]. 南京师范大学学报（自然科学版），37（3）：124-131.

徐小牛，李宏开，1997. 马尾松枫香混交林生长及其效应研究 [J]. 林业科学，33（5）：385-394.

杨超本，2013. 耐旱的"先锋树种"——山黄麻 [J]. 云南林业，34（2）：64.

杨大杰，郑育丰，黄桂玲，等，2014. 广东省人口变动情况分析 [J]. 中国卫生产业，25：105-107.

杨海东，詹潮安，吴凯胜，2011a. 华润楠种子育苗技术 [J]. 粤东林业科技，（1）：10-12.

杨海东，詹潮安，吴凯胜，2011b. 华润楠扦插育苗试验 [J]. 粤东林业科技，（1）：13-16.

杨海军，毕琪，赵亚楠，等，2004. 深圳市高速公路边坡和采石场植被恢复技术 [J]. 生态学杂志，23（1）：120-124.

杨洪，2012. 深圳凤塘河口湿地的生态系统修复 [M]. 武汉：华中科技大学出版社 .

杨惠宁，徐斌，韩超群，等，2004. 雷州半岛红树林资源及其效益 [J]. 生态环境，13（2）：222-224.

杨金森，2000. 海岸带和海洋生态经济管理 [M]. 北京：海洋出版社 .

杨克红，赵建如，金路，等，2010. 海南岛海岸带主要地质灾害类型分析 [J]. 海洋地质动态，26（6）：1-6.

杨理兵，赵成，2010. 罗浮柿的培育 [J]. 湖南林业，2010（6）：33.

杨丽洲，冯志坚，周兵，等，2010. 不同处理方法对短序润楠种子发芽的影响 [J]. 广东林业科技，26（3）：55-58.

杨木壮，吴涛，简梓红，2013. 近 20 年 南澳岛土地利用与景观格局动态变化 [J]. 广州大学学报（自然科学版），12（5）：74-79.

杨清伟，蓝崇钰，辛琨，2003. 广东—海南海岸带生态系统服务价值评估 [J]. 海洋环境科学，22（4）：25-29.

杨顺良，骆惠仲，梁红星，1996. 东山岛以东近岸海域水下沙丘及其环境 [J]. 台湾海峡，15（4）：324-331.

杨焱，刘昌芬，李海泉，等，2009. 海巴戟研究进展及开发应用建议 [J]. 热带农业科技，32（4）：23-29.

杨义勇，2013. 我国海岸带综合管理问题研究 [D]. 湛江：广东海洋大学 .

杨永，2015. 中国裸子植物的多样性和地理分布 [J]. 生物多样性，23(2): 243-246.

杨振意，薛立，许建新，2012. 采石场废弃地的生态重建研究进展 [J]. 生态学报，32（16）：5264-5274.

杨治国，2005. 桃金娘扦插繁殖试验初报 [J]. 江西林业科技，（2）：21-22.

叶玲，2012. 小叶榕育苗技术与病虫害防治研究 [J]. 绿色科技，（2）：84-85.

叶耀雄，叶永昌，王登良，等，2010. 米碎花茶扦插繁殖的正交试验模糊分析 [J]. 广东农业科学，（4）：39-41.

阴可，岳中琦，李焯芬，2003. 人工边坡绿化种植技术及其在香港的应用 [J]. 中国地质灾害与防治学报，14（4）：75-80.

于杰，陈国宝，黄梓荣，等，2014. 近 10 年间广东省 3 个典型海湾海岸线变迁的遥感分析 [J]. 海洋湖沼通报，（3）：91-95.

余昌元，2011. 罗汉松扦插育苗技术 [J]. 现代农业科技，（23）：270-271.

余婉芳，2007. 余甘子育苗与栽培 [J]. 林业实用技术，（10）：25-26.

袁恩贤，2014. 车桑子在白云质沙石山地治理中的推广应用 [J]. 防护林科技，（5）：59-60.

袁模香，2006. 漆树山地播种育苗技术 [J]. 林业实用技术，（9）：30-31.

恽才兴，蒋兴伟，2002. 海岸带可持续发展与综合管理 [M]. 北京：海洋出版社 .

曾庆钱，杨红梅，黄珊珊，等，2012. 梅叶冬青种子的发芽特性研究 [J]. 种子，31（2）：78-80.

张彩凤，2010. 海口市海岸防护林现状及景观海防林规划建设研究 [D]. 海口：海南大学 .

张汉永，江彩华，张钦源，2015. 木荷无性繁育技术试验初报 [J]. 广东林业科技，31（1）：68-71.

张宏达，1989. 香港植被 [J]. 中山大学学报（自然科学）论丛，8（2）：1-172.

张慧霞，庄大昌，娄全胜，2010. 基于土地利用变化的东莞市海岸带生态风险研究 [J]. 经济地理，30（3）：489-493.

张俊斌，陈意昌，翁士翔，等，台湾东部地区防风定沙之植生工法设计 [J]. 水土保持研究，13（6）：111-115.

张丽艳，金鑫，胡万良，等，2010. 盐肤木播种育苗技术 [J]. 辽宁林业科技，（4）：59-60.

张守英，姚小华，任华东，等，2002. 余甘子离体快速繁殖技术的初步研究 [J]. 林业科学研究，15（1）：116-119.

张水松，叶功富，徐俊森，等，2000. 海岸带木麻黄防护林更新方式、树种选择和造林配套技术研究 [J]. 防护林科技，S1：51-63.

张伟伟，刘楠，王俊，等，2012. 半红树植物黄槿的生态生物学特性研究 [J]. 广西植物，32（2）：198-202.

张卫国，刘鹏，程伟燕，等，2007. 不同浓度生长激素对鹅掌柴扦插生根的影响 [J]. 内蒙古民族大学学报（自然科学版），22（2）：157-160.

张文婷，任越，2010. 深山含笑 1 年生播种苗生长发育规律及育苗技术研究 [J]. 安徽农业科学，38（4）：1819-1820.

张宪春，卫然，刘红梅，等，2013. 中国现代石松类和蕨类的系统发育与分类系统 . 植物学报 48(2): 119-137.

张颖，钟才荣，李诗川，等，2013. 濒危红树植物红榄李 [J]. 林业资源管理，（5）：103-108.

张应中，赵奋成，李福明，等，2008. 湿地松与加勒比松杂交制种技术 [J]. 广东林业科技，24（4）：5-8.

张永夏，胡学强，陈红锋，等，2006a. 深圳大鹏半岛种子植物资源调查 [J]. 植物资源与环境学报，15（3）：60-64.

张永夏，邢福武，2006b. 深圳大鹏半岛种子植物区系研究 [J]. 武汉植物学研究，24（2）：119-129.

张勇，周宁，李青松，2013. 枫香硬枝扦插育苗试验研究 [J]. 安徽农学通报，19（21）：70，84.

章其霞，2007. 乌桕播种育苗与无性繁殖技术 [J]. 现代农业科技，（18）：44.

赵海鹄，2008. 岗松扦插育苗试验 [J]. 经济林研究，26（3）：88-92.

赵建芹，2007. 乡土植物在城市绿化中的应用与思考—以江苏盐城地区为例 [J]. 现代农业科技，（5）：36-37.

赵可夫，李法曾，樊守金，等，1999. 中国的盐生植物 [J]. 植物学通报，16（3）：201-207.

赵可夫，李法曾，张福锁，2013. 中国盐生植物 [M]. 第 2 版 . 北京：科学出版社 .

赵青毅，刘德朝，2008. 罗汉松夏季扦插育苗技术研究 [J]. 福建林业科技，35（2）：71-74.

赵永丰，许国云，苏智良，等，2007. 黄樟切根移袋育苗对比试验 [J]. 西部林业科学，36（1）：103-105.

赵志善，刘金锋，1992. 柽柳育苗和造林技术 [J]. 河北林业科技，（2）：23-26.

郑坚，陈秋夏，黄建，等，2009. 环境控制条件下不同因素对笔管榕扦插的影响研究 [J]. 中国农学通报，25（2）：156-159.

郑建平，2005. 福建省道路边坡绿化木质藤本植物资源与配置研究 [J]. 福建林业科技，32（4）：151-154.

郑来友，2010. 菌根化育苗造林技术—促进植被恢复的一项有效措施 [J]. 林业实用技术，（5）：58-60.

郑勇奇，张川红，2014. 外来树种生物入侵风险评价 [M]. 北京：科学出版社 .

郑煜基，卓慕宁，李定强，等，2007. 草灌混播在边坡绿化防护中的应用 [J]. 生态环境，16（1）：149-151.

中国海湾志编纂委员会，1993. 中国海湾志：十二分册 广西海湾 [M]. 北京：海洋出版社 .

中华人民共和国国家统计局，2015. 国家数据 [EB/OL]. http：//data.stats.gov.cn/workspace/index?m=hgnd, 2015-01-10.

钟才荣，李海生，陈桂珠，2003. 无瓣海桑的育苗技术 [J]. 广东林业科技，19（3）：68-70.

钟才荣，李诗川，杨宇晨，等，2011. 红树植物拉关木的引种效果调查研究 [J]. 福建林业科技，38（3）：96-99.

钟才荣，廖宝文，李诗川，等，2010. 红树植物海漆育苗试验 [J]. 林业实用技术，（4）：23-25.

仲崇禄，白嘉雨，张勇，2005. 我国木麻黄种质资源引种与保存 [J]. 林业科学研究，18（3）：345-350.

周凡，邝栋明，简永强，等，2003. 珠海市淇澳岛红树林群落组成初步研究 [J]. 生态科学，22（3）：237-241.

周厚诚，彭少麟，任海，等，1998. 广东南澳岛马尾松林的群落结构 [J]. 热带亚热带植物学报，6（3）：203-208.

周正宝，郑勇平，沈七一，等，2014. 车轮梅扦插繁殖 [J]. 中国花卉园艺，（16）：43-45.

朱坚真，刘汉斌，2012. 中国海岸带划分范围及其空间发展战略 [J]. 经济研究参考，（45）：48-54.

朱惜晨，黄利斌，马东跃，2005. 乐昌含笑、深山含笑扦插繁殖试验 [J]. 江苏林业科技，32（1）：14-16.

诸姮，胡宏友，卢昌义，2008. 盐度对药用红树植物老鼠簕种子萌发和幼苗生长的影响 [J]. 厦门大学学报（自然科学版），47（1）：313-135.

庄晋谋，庄增福，韦如萍，2007. 大头茶的自然生长状况及其人工栽培技术 [J]. 广东林业科技，23（5）：47-50.

庄万清，1996. 米老排的防火性能与生长情况研究 [J]. 福建林业科技，23（2）：1-6.

庄雪影，庞雄飞，1997. 香港自然保护的历史和现状 [J]. 华南农业大学学报，18（1）：52-56.

左平，刘长安，赵书河，等，2009. 米草属植物在中国海岸带的分布现状 [J]. 海洋学报，31（5）：101-111.

CHRISTENHUSZ M J M, REVEAL J L, FARJON A, et al, 2011. A new classification and linear sequence of extant gymnosperms [J]. Phytotaxa, 19: 55-70.

CROSSLAND C J, BAIRD D, DUCROTOY J P, et al, 2005. The Coastal Zone-a Domain of Global Interactions[A]. In: Crossland C J, Kremer H H, Han L, et al. Coastal Fluxes in the Anthropocene [C]. Berlin: Springer: 1-38.

HASSAN R, SCHOLES R, ASH N, 2005. Ecosystems and Human Well-being: Current State and Trends [M]. The Millennium Ecosystem Assessment Series. Washington, Island Press.

LAKSHMI A, RAJAGOPOLAN R, 2000. Socio-economic implications of coastal zone degradation and their mitigation: a case study from coastal villages in India [J]. Ocean & Coastal Management, 43(8-9): 749-762.

NEHRU P, BALASUBRAMANIAN P, 2011. Re-colonizing Mangrove species in tsunami devastated habitats at Nicobar Islands, India [J]. Check List, 7(3): 253-256.

REN H, LU H F, SHEN W J, et al, 2009. *Sonneratia apetala* Buch.-Ham in the mangrove ecosystems of China: An invasive species or restoration species?[J] Ecological Engineering, 35(8): 1243-1248.

SMITH A R, PRYER K M, SCHUETTPELZ E, et al, 2006. A classification for extant ferns [J]. Taxon,55(3): 705-731.

SMITH A R, PRYER K M, SCHUETTPELZ E, et al, 2008. Fern classification. In: RANKER T A, HAUFLER C H, eds. Biology and Evolution of Ferns and Lycophytes. Cambridge: Cambridge University Press. pp. 417-467.

STRINGER C E, TRETTIN C C, ZARNOCH S J, et al, 2015. Carbon stocks of mangroves within the Zambezi River Delta, Mozambique [J]. Forest Ecology and Management, (354): 139-148.

The Angiosperm Phylogeny Group, 2016. An update of the Angiosperm Phylogeny Group classification for the orders and families of flowering plants: APG IV [J]. Botanical Journal of the Linnean Society, 181(1): 1-20.

TOMLINSON P B, 1990. The botany of Mangrove [M]. New York: Cambridge University Press.

"前沿科技研究"系列已出书目

序号	书名	作者简介	出版时间	备注
1	造纸纤维性能衰变抑制原理与技术	万金泉,华南理工大学环境与能源学院教授,博士生导师。马邕文,华南理工大学环境与能源学院教授,博士生导师。王艳,华南理工大学环境与能源学院副教授。	2015年12月	"十二五"国家重点图书出版规划项目 广东省原创精品出版资金扶持项目 广东省优秀科技专著出版基金会资助项目
2	Suizhou Meteorite: Mineralogy and Shock Metamorphism 随州陨石矿物学和冲击变质	谢先德,中国科学院广州分院院长兼广东省科学院院长(1988—1997),研究员,博士生导师,俄罗斯科学院外籍院士,国际欧亚科学院院士。陈鸣,中国科学院广州地球化学研究所研究员,博士生导师。	2015年12月	广东省原创精品出版资金扶持项目 广东省优秀科技专著出版基金会资助项目 版权输出到Springer-Verlag Berlin Heidelberg
3	胰腺癌基础与临床:前沿与争论	陈汝福,中山大学孙逸仙纪念医院副院长,教授,主任医师,博士生导师。李志花,中山大学孙逸仙纪念医院副教授,副主任医师,硕士生导师。刘宜敏,中山大学孙逸仙纪念医院主任医师,硕士生导师。	2016年4月	广东省原创精品出版资金扶持项目 广东省优秀科技专著出版基金会资助项目
4	全球化进程中珠三角城市区域的多中心网络组织	赵渺希,华南理工大学建筑学院副教授。朵朵,华南理工大学广州学院助教。	2016年9月	广东省原创精品出版资金扶持项目 广东省优秀科技专著出版基金会资助项目
5	华南沿海地区深部断裂系统与强震结构	任晨赛,广东省地震局副局长(1991—1998),高级工程师,美国宾翰顿大学地质系客座教授。叶秀薇,广东省地震预报研究中心副主任,高级工程师。	2016年11月	广东省原创精品出版资金扶持项目 中国地震局地震监测与减灾技术司安全诊断重点实验室项目"广东地震预警与重大工程安全诊断重点实验室项目" 广东省优秀科技专著出版基金会资助项目

（续表）

序号	书名	作者简介	出版时间	备注
6	图谱的极植理论	刘木伙，华南农业大学副教授，美国《数学评论》评论员，中国运筹学会图论组合分会青年理事。柳伯濂，华南师范大学数学科学学院教授。	2017年4月	广东省原创精品出版资金扶持项目 广东省优秀科技专著出版基金会资助项目
7	胰岛β细胞——基础与临床	吴木潮，中山大学孙逸仙纪念医院副教授，副主任医师，硕士生导师。	2017年7月	广东省优秀科技专著出版基金会资助项目
8	华南海岸带乡土植物及其生态恢复利用	王瑞江，中国科学院华南植物园研究员博士生导师。任海，中国科学院华南植物园主任，研究员博士生导师。	2017年6月	广东省原创精品出版资金扶持项目 广东省优秀科技专著出版基金会资助项目